"十三五"国家重点图书

湖北省学术著作
Hubei Special Funds for
Academic Publications
出版专项资金

U0163512

海洋测绘丛书

海洋潮汐与水位控制

许军 暴景阳 于彩霞 阳凡林 著

Oceanic
Surveying And Mapping

WUHAN UNIVERSITY PRESS
武汉大学出版社

图书在版编目(CIP)数据

海洋潮汐与水位控制/许军等著 . —武汉:武汉大学出版社,2020.10
(2022.12 重印)
海洋测绘丛书
"十三五"国家重点图书　湖北省学术著作出版专项资金资助项目
ISBN 978-7-307-21556-6

Ⅰ.海…　Ⅱ.许…　Ⅲ.①潮汐变化—研究　②水位变化—研究
Ⅳ.①P731.34　②P641

中国版本图书馆 CIP 数据核字(2020)第 091135 号

审图号:GS(2022)5566 号

责任编辑:杨晓露　　　责任校对:汪欣怡　　　版式设计:马　佳

出版发行:**武汉大学出版社**　(430072　武昌　珞珈山)
(电子邮箱:cbs22@whu.edu.cn 网址:www.wdp.com.cn)
印刷:湖北恒泰印务有限公司
开本:787×1092　1/16　印张:12　字数:285 千字　插页:1
版次:2020 年 10 月第 1 版　　2022 年 12 月第 2 次印刷
ISBN 978-7-307-21556-6　　定价:36.00 元

序

现代科技发展水平，已经具备了大规模开发利用海洋的基本条件；21世纪，是人类开发和利用海洋的世纪。在《全国海洋经济发展规划》中，全国海洋经济增长目标是：到2020年海洋产业增加值占国内生产总值的20%以上，并逐步形成6~8个海洋主体功能区域板块；未来10年，我国将大力培育海洋新兴和高端产业。

我国海洋战略的进程持续深入。为进一步深化中国与东盟以及亚非各国的合作关系，优化外部环境，2013年10月，习近平总书记提出建设"21世纪海上丝绸之路"。李克强总理在2014年政府工作报告中指出，抓紧规划建设"丝绸之路经济带"和"21世纪海上丝绸之路"；在2015年3月国务院常务会议上强调，要顺应"互联网+"的发展趋势，促进新一代信息技术与现代制造业、生产性服务业等的融合创新。海洋测绘地理信息技术，将培育海洋地理信息产业新的增长点，作为"互联网+"体系的重要组成部分，正在加速对接"一带一路"，为"一带一路"工程助力。

海洋测绘是提供海岸带、海底地形、海底底质、海面地形、海洋导航、海底地壳等海洋地理环境动态数据的主要手段；是研究、开发和利用海洋的基础性、过程性和保障性工作；是国家海洋经济发展的需要、海洋权益维护的需要、海洋环境保护的需要、海洋防灾减灾的需要、海洋科学研究的需要。

我国是海洋大国，海洋国土面积约300万平方千米，大陆海岸线约1.8万千米，岛屿1万多个；海洋测绘历史"欠账"很多，未来海洋基础测绘工作任务繁重，对海洋测绘技术有巨大的需求。我国大陆水域辽阔，1平方千米以上的湖泊有2700多个，面积9万多平方千米；截至2008年年底，全国有8.6万个水库；流域面积大于100平方千米的河流有5万余条，内河航道通航里程达12万千米以上；随着我国地理国情监测工作的全面展开，对于海洋测绘科技的需求日趋显著。

与发达国家相比，我国海洋测绘技术存在一定的不足：(1)海洋测绘人才培养没有建制，科技研究机构稀少，各类研究人才匮乏；(2)海洋测绘基础设施比较薄弱，新型测绘技术广泛应用缓慢；(3)水下定位与导航精度不能满足深海资源开发的需要；(4)海洋专题制图技术落后；(5)海洋测绘软硬件装备依赖进口；(6)海洋测绘标准与检测体系不健全。

特别是海洋测绘科技著作严重缺乏，阻碍了我国海洋测绘科技水平的整体提升，加重了从事海洋测绘科学研究等的工程技术人员在掌握专门系统知识方面的困难，从而延缓了海洋开发进程。海洋测绘科技著作的严重缺乏，对海洋测绘科技水平发展和高层次人才培养进程的影响已形成了恶性循环，改变这种不利现状已到了刻不容缓的地步。

与发达国家相比，我国海洋测绘方面的工作起步较晚；相对于陆地测绘来说，我国海洋测绘技术比较落后，缺少专业、系统的教育丛书，相关书籍要么缺乏，要么已出版 20 年以上，远不能满足海洋测绘专门技术发展的需要。海洋测绘技术综合性强，它与陆地测绘学密切相关，还与水声学、物理海洋学、导航学、海洋制图、水文学、地质、地球物理、计算机、通信、电子等多学科交叉，学科内涵深厚、外延广阔，必须系统研究、阐述和总结，才能一窥全貌。

　　基于海洋测绘著作的现状和社会需求，山东科技大学联合从事海洋测绘教育、科研和工程技术领域的专家学者，共同编著这套《海洋测绘丛书》。丛书定位为海洋测绘基础性和技术性专业著作，以期作为工程技术参考书、本科生和研究生教学参考书。丛书既有海洋测量基础理论与基础技术，又有海洋工程测量专门技术与方法；从实用性角度出发，丛书还涉及了海岸带测量、海岛礁测量等综合性技术。丛书的研究、编纂和出版，是国内外海洋测绘学科首创，深具学术价值和实用价值。丛书的出版，将提升我国海洋测绘发展水平，提高海洋测绘人才培养能力；为海洋资源利用、规划和监测提供强有力的基础性支撑，将有力促进国家海权掌控技术的发展；具有重大的社会效益和经济效益。

《海洋测绘丛书》学术委员会

2016 年 10 月 1 日

前　　言

　　水深测量(水下地形测量、水下地貌测量等)是海洋活动与开发的基础,包括定位、测深与水位控制三个方面的工作。随着全球导航卫星系统(Global Navigation Satellite System,GNSS)技术与精密数字单波束测深仪、多波束测深系统以及涌浪仪、姿态传感器等的发展与应用,定位与测深方面的问题可认为已基本解决,或者说,这类问题的解决主要取决于仪器与配套技术的发展。水位控制在水深测量中的重要作用越来越凸显出来,主要体现在:一是水位控制的组织实施受人为因素影响很大,如验潮站的布设设计、水位改正方法选择等;二是中国近海是世界上潮汐变化最复杂的海域之一,潮差较大,实现高精度水位控制的难度相对较大。而目前普遍缺乏该方面的技术人才,这与教材或参考著作通常都侧重于海洋潮汐学理论或海域垂直基准理论等有关。

　　本书从海道测量对水位控制的应用需求出发,力求构建较完善的理论与技术方法体系,并在基础理论与技术方法间达到一种平衡:海洋潮汐基础理论部分是以理解海洋潮汐规律与分潮概念为目标,省略海洋潮汐学中关注的引潮力(势)展开方面的理论推导;在潮汐调和分析理论部分,按水位数据时长从长至短的顺序组织安排,以便于理解;在基准面确定部分,更侧重于技术方法的假设条件、应用背景等的论述,基础理论起解释作用;在水位改正方法部分,侧重于各种水位改正方法的分析,在理解其本质理论依据的基础上,再论述其应用问题。

　　本书作者一直从事水位控制的理论与技术方法方面的研究与教学,本书内容综合了作者的理解与实践经验,但限于水平,书中难免有不妥之处,敬请读者批评指正。

作者

2019 年 12 月于大连

目　　录

1

第1章 绪 论

§1.1 海洋潮汐与水深测量的关系

从以出版航海图为主要目的的海道测量至以获取水域基础空间地理信息为目的的水下地形测量，水深测量一直是海洋测量的核心工作。测深平台一般为船，测深技术从测深杆和测深锤的单点测量、单波束回声测深仪的线状测量，发展到多波束测深系统的全覆盖面状测量，测量的精度、效率与自动化程度越来越高。在沿海浅水区，以飞机作为平台的激光测深系统也已逐渐获得应用，可快速采集大范围的水深数据。

如图1.1所示，因海洋潮汐现象的存在，海面随时间呈现规律性的升降变化，故各测深平台以及测深技术获得的水深都是受海洋潮汐影响的。与时间相关的瞬时海面至海底的深度，称为瞬时水深。在同一地点，在不同时刻测得的深度是不同的。从水深成果的表示角度而言，水深的表示应基于某种稳定的基准面，使得同一点不同时间的观测成果对应于统一意义的稳定水深。传统上选择深度基准面作为稳定水深的起算基准面。

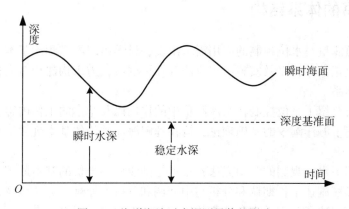

图1.1 海洋潮汐对水深测量值的影响

由图1.1可知，水深测量期间需要在测区设立验潮站点，观测记录海面随时间的升降，以及按一定的算法确定深度基准面在垂直方向上的位置。对于每个瞬时水深，测深时刻瞬时海面在深度基准面上的高度称为水位改正数或潮汐改正数，由水位改正数将瞬时水深改正为稳定水深。计算水位改正数的过程，称为水位改正、潮汐改正或水位控制。

中国近海，特别是渤海与黄海是世界上潮汐变化最复杂的典型海域之一，具有潮差普遍较大、空间上差异较大的特点。"潮差大"意味着海面的升降幅度大、潮汐的影响大；

"空间上差异大"是指海域上相距不远的两点，海面升降变化之间存在较大差异，意味着站点的代表范围较小，可能需要布设多个验潮站点。因此，海洋潮汐对沿岸水深测量具有不可忽略的影响，相应的水位改正是水深测量中重要的改正项之一。

§1.2 水位控制的工作内容

水位控制的主要目的是通过利用验潮站的水位观测数据，计算出每个测深点处在测深时刻相对于参考面的水位，将该水位值订正至瞬时水深以消除海洋潮汐的影响。其主要任务可概括为：通过利用、布设验潮站，建立水位控制站(网)，或利用海区已有潮汐相关参数，为测量区域提供平均海面、深度基准面等参考面信息，为水深测量和相关地形要素测量提供水位改正数。主要工作内容可简要描述如下：

(1)依据测区的潮汐变化复杂程度，选择验潮站的布设地点，结合长期验潮站，构建水位控制站(网)。

(2)在布设站点实施验潮，通过验潮设备监测并记录瞬时海面随时间的升降变化，获得的数据称为水位数据或验潮数据。验潮应至少包含水深测量的时段。

(3)对水位数据实施必要的预处理后，计算验潮站处的平均海面(水位的平均位置)、深度基准面(某种最低潮意义的基准面，海图标注水深通常都以该面作为起算面)等参考面的位置，并将水位数据的起算面转换至深度基准面。

(4)采用瞬时海面的空间插值方法(水位改正方法)，由验潮站(网)的水位内插出每个测深点处在测深时刻的水位，即水位改正数。

§1.3 本书的体系结构

本书从海道测量对水位控制的应用需求出发，科学组织海洋潮汐基本理论、海域基准面确定、水位改正数计算以及实施组织方法等知识框架，力求构建相对完备的水位控制理论和技术方法体系。

第 1 章简要介绍了水位控制在水深测量中的作用以及基本的工作内容。

第 2 章简述了海洋潮汐的基础理论，旨在理解海洋潮汐的基本规律、掌握以分潮为核心的基本概念。

第 3 章介绍了水位观测的常用方法，重点是潮汐调和分析的基本原理，按水位数据时长从长至短的顺序阐述了长期调和分析与中期调和分析的原理、方法以及详细步骤。

第 4 章全面阐述了确定垂直基准面的原理与技术方法，对平均海面、深度基准面与平均大潮高潮面，分别从其定义、稳定性与传递技术等三个方面进行了论述。

第 5 章介绍了水位数据的预处理，重点阐述了各水位改正方法的原理，包括三角分区(带)法、时差法与最小二乘拟合法等传统水位改正方法以及基于潮汐模型与余水位监控法、基于 GNSS 技术的水位改正法等现代水位改正方法。

第 6 章给出了常用的潮汐特征值的定义，基于便于编程实现的目的，整理给出了潮汐特征值的计算公式。

第 7 章从工程实施的角度阐述了技术设计论证与精度评估等的方法与要点。

第 2 章 海洋潮汐基础理论

§2.1 潮 汐 现 象

潮汐是指地球上海水的一种规律性上升下降运动。在多数情况下，潮汐运动的平均周期为半天左右，每昼夜约有两次涨落运动，我国古代把白天上涨的称为潮，晚上上涨的称为汐，合称潮汐。图 2.1 为某处一昼夜内的海面(水位)升降变化曲线。

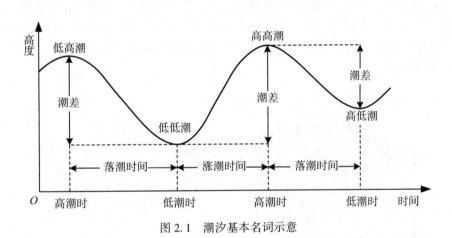

图 2.1 潮汐基本名词示意

1. 高潮与低潮

当海面上涨至局部最高时，称为高潮(high water，HW)；而海面下降至局部最低时，称为低潮(low water，LW)。在多数情况下，一昼夜会出现两次高潮与两次低潮，为了区分，其中相对较高的一次高潮、低潮分别称为高高潮(higher high water，HHW)与高低潮(higher low water，HLW)，而相对较低的一次高潮、低潮分别称为低高潮(lower high water，LHW)与低低潮(lower low water，LLW)。

2. 平潮与停潮

当海面达到高潮时，通常会出现海面暂停升降的现象，称为平潮；而在低潮暂停升降的现象，称为停潮。平潮与停潮的时间长短因地而异，几分钟或几十分钟，最长可达一两个小时以上。一般取平潮(停潮)的中间时刻记为高潮时(低潮时)。

3. 涨潮与落潮

从低潮到高潮的过程中，海面逐渐上涨，称为涨潮。自高潮至低潮，海面逐渐下落，称为落潮。从低潮时至高潮时所经历的时间，称为涨潮时间。从高潮时至低潮时所经历的时间，称为落潮时间。

4. 潮差与周期

相邻的高潮和低潮之间的海面高度差，称为潮差（range of tide）。潮差的大小因地因时而异，潮差的平均值，称为平均潮差。两个相邻高潮或两个相邻低潮之间的时间间隔，称为周期（period）。周期因地因时而异，我国大部分沿岸海域的周期平均值是 12 小时 25 分钟。

§2.2　日、地、月的相对运动

通过对潮汐现象的长期观测（图 2.2 为某站点 1 个月的水位变化），人们发现：一方面，水位的升降十分复杂，每天高潮（低潮）的高度、高潮时（低潮时）、涨潮（落潮）时间、潮差与周期等都不同；另一方面，水位的升降呈现一定的规律性，而且我国古代劳动人民早已发现这种规律与月球之间有密切的关系，并据此设计了推算水位变化的算法。随着自然科学的发展，人们进一步认识到海洋潮汐现象是随着太阳、地球、月球的相对位置变化而变化的。因此，要了解潮汐的成因及其变化规律，就必须先了解日、地、月相对运动有关的天文知识。

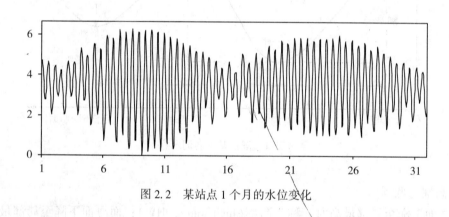

图 2.2　某站点 1 个月的水位变化

大地测量相关的著作通常会对日、地、月相对运动及时间系统作较全面的介绍，本节将只简要介绍与潮汐密切相关的天文知识。

2.2.1　天球的基本概念

2.2.1.1　天球及若干基本点和圈

天球是指以地球为中心，半径为任意长度的一个假想球体。将太阳、月球等天体的位置投影至天球上，仅以方位来表达天体的位置及天体之间的关系，此时各天体的运动都将呈现为以地球为中心的圆周运动。实际上，地球并不是宇宙的中心。但夜晚观察天体时，会觉得天穹好像是一个以观察者为中心的巨大半球，各天体在球面上运动。若假设观察者处于地球中心，天球则是对这种感观的自然描述。以图 2.3 所示，介绍天球的一些基本概念。

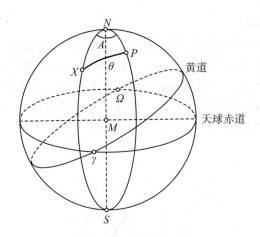

图 2.3　天球的概念示意

天轴与天极：地球自转轴的延伸直线，称为天轴；天轴与天球的交点，称为天极，其中 N 为北天极，S 为南天极。所有天体的周日视运动都是绕天轴和天极旋转的。

天球赤道面与天赤道：通过天球中心（地球质心）与天轴垂直的平面，称为天球赤道面，与天球相交的大圆，称为天赤道。天极和天赤道就好像是地球扩展后，地球两极和赤道在天球上的投影。

天顶与天顶距：通过天球中心与观测点的直线，与天球相交于两点，其中，在观察者头顶的交点，称为天顶，而和天顶正相对的另一个交点位于观测者脚下，称为天底。或者说，天顶是由天球中心指向观测点的直线与天球的交点，对于天体则是该天体在天球上的投影。天顶与天体在天球上的投影之间的角距离，称为观测点与该天体间的天顶距。如图 2.3 所示，P、X 分别为地球上某观察点的天顶与某天体在天球上的投影，θ 为两者间的天顶距。

天球子午面与子午圈：包含天轴并通过天球上任一点的平面，称为天球子午面；该平面与天球相交的大圆，称为天球子午圈。

上中天与下中天：若天体位于观测点所在天球子午面，当天体离天顶较近时，称为上中天；而当天体离天底较近时，称为下中天。需注意的是：上中天时天顶距不一定为 $0°$，下中天时天顶距不一定为 $180°$。

时圈与时角：通过天轴的平面与天球相交的半个大圆，称为时圈。两个时圈之间的夹角，称为时角。如图 2.3 所示，NXS、NPS 分别为天体 X、观察点 P 对应的时圈，A 为 X 对于 P 的时角。

黄道与春分点：地球绕太阳公转的运行轨道是椭圆。若以地球作为静止观测点，则观测到太阳是沿椭圆轨道相对运转的。这个椭圆轨道面与天球相交的大圆，称为黄道。黄道面与天球赤道面不相重合，其交角称为黄赤交角，等于 $23°17'$。太阳的视位置在黄道上移动，由南向北穿过天赤道的交点，称为春分点，如图 2.3 中的 γ。而由北向南穿过的交点，称为秋分点，如图 2.3 中的 Ω。黄道最北面与最南面的点，分别称为夏至点和冬至点。

2.2.1.2　天球坐标系

天球坐标系又称为恒星坐标系，用以确定天体在天球上的位置。天球坐标系具有两个显著特点：一是天球坐标系只考虑方向，不考虑距离，这意味着天球可看作单位球，涉及的全部矢量可看作单位矢量；二是天球的几何形状是正球，用球面坐标表示天体位置时涉及的数学关系式相对简单。以图 2.4 所示，在海洋潮汐学中，通常以天球的赤道坐标系和黄道坐标系来表示天体 X 的位置。

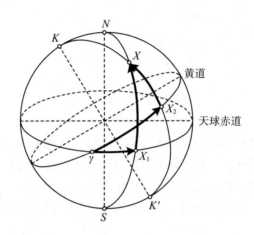

图 2.4　天球赤道坐标系与黄道坐标系

1. 赤道坐标系

赤道坐标系是以赤纬与赤经来表示天体的视位置。如图 2.4 所示，NXS 为经过天体 X 的时圈，设交天赤道于 X_1，则角距离 $\overset{\frown}{X_1X}$ 定义为赤纬，记为 δ。以天赤道为赤纬 0°，向北至北天极 N 时为 90°，而向南至南天极 S 时为 -90°。在天球上取春分点为起算点，则角距离 $\overset{\frown}{\gamma X_1}$ 定义为赤经，记为 α，由春分点 γ 所在的时圈为赤经 0°，沿天赤道按逆时针方向变化至 360°。

2. 黄道坐标系

黄道坐标系是以黄纬与黄经来表示天体的视位置。如图 2.4 所示，过天球中心作黄道面的垂线，与天球的两个交点 K 与 K' 分别称为北黄极与南黄极。与赤道坐标系类似，作过 KXK' 的大圆，交黄道于 X_2，则角距离 $\overset{\frown}{X_2X}$ 定义为黄纬，记为 Δ。角距离 $\overset{\frown}{\gamma X_2}$ 定义为黄经，记为 Λ。

2.2.2　太阳的运动和时间

地球绕太阳的运行轨道为椭圆，太阳位于其中的一个焦点上。相对而言，太阳的视运动是沿着黄道自西向东运行的。当太阳离地球最近时，在天球上的位置称为太阳近地点，最远时称为太阳远地点。与日地平均距离相比，日地最远距离、最近距离与其的差异不到

1.7%。当太阳在近地点时，在天球黄道上的视运行速度最快，在远地点时则最慢。

2.2.2.1 平太阳时、世界时、区时

时间系统是指测量时间的基准，包含时间的单位(尺度)和原点，其中时间的单位是关键，原点可据应用而选定。时间的单位一般用均匀、连续的周期性运动来确定或定义。因地球的自转与人类的生产活动之间存在极其密切的关系，所以选择地球自转作为时间基准，并且选择太阳作为参考点来测量地球自转的周期。

1. 平太阳时(mean solar time，MT)

以真实运动的太阳连续两次上(下)中天所经历的时间间隔作为基本单位，记为一天，称为真太阳日。但太阳在黄道上的运行速度并不均匀，这造成每个真太阳日的长度会有所不同，一年中最长和最短可差51s。这不符合测量时间所用周期性运动必须速度均匀的基本要求。为了使得一天的长度不变，假想了一个太阳，其运行在赤道上而不是黄道上，且视运动的速度是均匀的，等于真太阳视运动速度在一年中的平均值，该设想的太阳称为平太阳。平太阳连续两次上(下)中天所经历的时间间隔，称为一个平太阳日(mean solar day)。平太阳日由平正午(平太阳处于上中天)起算，即平正午为0时，平子夜为12时。1925年国际天文联合会决定，改平太阳日由平子夜为0时，平正午为12时。至此确定了时间的单位和原点，称为平太阳时。平太阳时是以平太阳经过本地子午圈的时刻为原点，这意味着子午圈(经度)不同的地方，同一时刻的平太阳时各异。所以平太阳时具有地方性，故常称为地方平太阳时或地方平时。这在日常使用中十分不方便。

2. 世界时(universal time，UT)

以平子夜为零时起算的格林威治平太阳时，称为世界时。世界时与平太阳时的尺度基准相同，两者差异仅在于起算点不同。

3. 区时(zone time)

在日常生活中采用世界时是不方便的，如北京若采用世界时，则太阳在22时左右升起，2小时后将变更日期，然后太阳约在4时到达天顶，10时左右落山。一个折中的方法是部分地统一，即在一个经度相差不很大的区域内采用统一的时间。1884年国际经度会议决定，全世界按统一标准分时区，实行分区计时。每隔经度15°为一个时区，全球共划分成24个区；其中以0°经线为中央经线的时区为零时区或中时区，东西各跨经度7.5°；零时区以东为东时区，分为东一区至东十二区；零时区以西为西时区，分为西一区至西十二区；东、西十二区合为一个时区，以180°经线为中央经线。各时区均以本时区中央经线上的地方平太阳时作为本时区共同使用的时刻，称为区时，又称标准时。如我国采用的北京时为东8区区时，对应于东经120°的平太阳时，中午12点时平太阳对于东经120°的地点才是上中天，其他地点不是。

采用区时系统时，实际上的同一时刻，相邻两个时区的区时相差1小时。较东的时区，区时较早。这与地球自转方向为自西向东有关，较东的地方，太阳升起得较早。如我国北京时(东8区)6点时，东侧的日本(东9区)为7点。24个时区累积起来将相差一天，国际上规定，原则上以180°经线为国际日期变更线，简称日界线。对同一时刻，日界线两旁的日期将相差一天。为了避免日界线穿过陆地，日界线与180°经线并不完全一致，而是增加了几处曲折。

4. 转换关系

平太阳时、世界时与区时在时间尺度基准上都是平太阳日，世界时与区时是在平太阳时基础上，为了使用的方便而人为规定了时间的起算点，而且世界时对应于零时区的区时，只是时区覆盖了全球。假设位于东经 L 的某地采用东 N 时区的时间，则该地的地方平太阳时 t_M、世界时 t_U 与区时 t_Z 的关系如下：

$$t_M = t_U + \frac{L}{15°} = t_Z - N + \frac{L}{15°} \tag{2.1}$$

对于西经 L 或西 N 时区，式(2.1)中的 L 或 N 都取负值。

2.2.2.2　太阳运动的主要周期

以平太阳日为时间单位，计量太阳视运动的周期。选择不同的参考点而有长度不同的年。

1. 恒星年

以天球上某恒星为参考点，太阳在黄道上运动，连续两次经过该恒星方向的平均时间间隔，称为一恒星年，等于 365.2564 平太阳日，这是地球绕太阳运动的真正周期。

2. 回归年

以天球上的春分点为参考点，太阳在黄道上运动，连续两次经过春分点的平均时间间隔，称为一回归年，等于 365.2422 平太阳日，这是四季变换的周期，也是目前采用的公历——格里历(Gregorian calendar)的基础：取 365 天为一平年，则每 4 年将少 0.9688 天，因而每 4 年取 366 天为一个闰年，即凡年数能被 4 整除的年份为闰年，如 2012 年，2016 年等。但这又造成每 400 年将多出 3.11 天，因此又规定凡世纪年只有当年数能被 4 整除时才是闰年，即只有 400 整数倍的年份才是闰年，如 1800 年，1900 年，2000 年，2100 年中只有 2000 年才是闰年。

3. 近点年

以太阳近地点为参考点，太阳连续两次经过近地点的平均时间间隔，称为一近点年，等于 365.2596 平太阳日。近地点相对于春分点是移动的，约每 20940 年自西向东移动一周(实际上是春分点向西退行)，也就是近地点相对春分点的位置每年向前移动 0.017°，因而近点年略长于回归年。

2.2.3　月球的运动

2.2.3.1　基本概念

月球绕地球的运行轨道为椭圆，地球位于其中的一个焦点上。当月球离地球最近时，在天球上的位置称为月球近地点，最远时称为月球远地点。月地最远距离、最近距离与平均距离相差约 5.5%。月球近地点(远地点)的移动速度比太阳近地点(远地点)的移动速度要快得多，约 8.85 年自西向东移行一周。

月球绕地球公转的运行轨道面与天球相交的大圆，称为白道。白道面与黄道面的交角，称为白黄交角，在 4°57′ 至 5°19′ 之间变化，平均为 5°09′。月球的视位置在白道上移动，当月球从黄道的南面向北穿过黄道时的交点叫升交点，而从北向南穿过黄道时的交点叫降交点。升(降)交点的位置是变化的，每 18.61 年向西退行一周。白道面与赤道面的交角，称为白赤交角。在升(降)交点西退过程中，白赤交角也在变化：当升交点与春分点重合时(图 2.5(a))，白赤交角达到最大，等于黄赤交角加上黄白交角，即约 23°27′+5°09′=28°36′；而当升交点与秋分点重合时(图 2.5(b))，白赤交角达到最小，等于黄赤交角减去黄白交角，约 23°27′-5°09′=18°18′。在每个 18.61 年中，白赤交角在 18°18′与 28°36′之间变化。

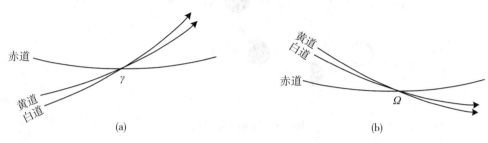

图 2.5　白赤交角的两个极值情况示意

2.2.3.2　主要周期

1. 太阴日

月球连续两次上中天的平均时间间隔，称为一太阴日(lunar day)。以地球为参考点，月球和太阳都是自西向东运行，与地球自转方向一致。对于地球上的一地点，若某时刻月球和太阳同时上中天，因月球速度快于太阳，在地球自转作用下太阳将先达到下一次上中天，再达到月球的上中天。所以太阴日将长于太阳日，平均长 50 分钟，也就是一太阴日为 24.84 平太阳时，是平太阳日的 1.035 倍。一太阴日又可均分为 24 个太阴时。

2. 近点月

以月球近地点为参考点，月球连续两次经过近地点的平均时间间隔，称为一近点月，等于 27.554550 平太阳日。

3. 回归月

以春分点为参考点，月球连续两次经过春分点(天球上对应方向)的平均时间间隔，称为一回归月，等于 27.321582 平太阳日。

4. 朔望月

朔望与上下弦是指月相(月球圆缺)变化的特征时刻。月相变化是太阳、地球与月球三个天体间相对位置变化的反映，如图 2.6 所示。

如图 2.6 所示，当朔望时，日、月、地成一直线，其中月球处于太阳与地球之间时为朔或新月，而地球处于太阳与月球之间时为望或满月。在天球黄道坐标系中，月球与太阳的黄经一致时为朔，而相差 180°时为望。当上下弦时，月球与日地连线垂直，其中月球与太阳的黄经相差 90°时为上弦，而相差 270°时为下弦。

月相变化的周期，即月球从朔经历上弦、望、下弦再回到朔的平均时间长度，称为一朔望月，等于 29.530588 平太阳日。朔望月长于回归月与近点月，这与其同时涉及月球和地球的运动相关。考察图 2.6，当月球从朔开始经历月相变化周期的过程中，地球相对太

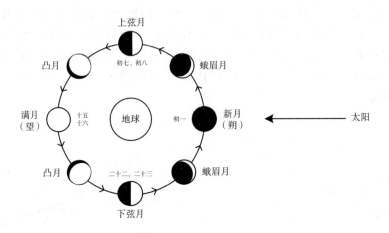

图 2.6　月相变化示意

阳运动(基于图 2.6 是顺时针),月球在图 2.6 中朔的位置基础上需继续顺时针运动才能回到朔,朔望月的长度相对较长。

　　由前述可知,在天球黄道坐标系中,月相从朔开始的变化周期可描述为:月球相对太阳的黄经差从 0°(朔)依次经 90°(上弦)、180°(望)、270°(下弦)再回至 360°(0°)的过程。因此,朔望月也是月球相对于太阳的运动周期。实际上,在天球上,月球相对于太阳的运动速度等于月球速度和太阳速度之差,故朔望月、回归月与回归年之间具有如下关系:

$$\frac{1}{朔望月}=\frac{1}{回归月}-\frac{1}{回归年} \tag{2.2}$$

2.2.4　天体间的公转

　　任意两个天体间都存在着相互吸引的引力,如果没有其他力的作用,就要互相吸附到一起。它们之间的距离通过公转来维持,两个天体都绕它们的公共质心运动,公转产生的离心力与引力之间达到平衡。从力学可知,物体的运动可分解为平动和转动。物体在平动时,在任意一段时间内所有质点的位移是平行的,而且在任意时刻,各个质点的速度和加速度也是相同的(大小相同,方向平行),所以物体内任何一质点的运动都可代表整个物体的运动,如发动机的活塞在气缸中的运动。转动是指物体的每一质点都绕同一过其自身的轴做轨迹为圆周的运动,此时物体内各点的运动轨迹是以转轴为中心的同心圆,如汽车车轮的运动。天体的自转,如地球绕地轴的自转,易确定为转动。而两天体绕公共质心的公转(天体只公转而不自转)则是平动,图 2.7 为其示意。

　　图 2.7 中,O 为公共质心,a_1、a_2 与 a_3 为天体 A 上任意三点,而 b_1、b_2 与 b_3 为天体 B 上任意三点。因不顾及天体的自转,在公转过程中,图 2.7 中同一天体上任意点的位移是平行的,同一天体上任一直线段始终保持不变的方向,如天体 A 上 a_1a_2、a_1a_3 与 a_2a_3,天体 B 上 b_1b_2、b_1b_3 与 b_2b_3,所以公转运动是平动。

　　对于地球,最重要的天体是太阳与月球。通常说月球绕地球公转,而地球绕太阳公

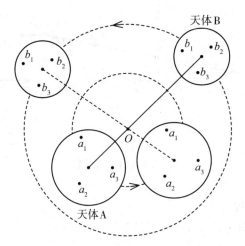

图 2.7 两天体间的公转示意

转。实际上，地球也在绕月地公共质心公转，而太阳也在绕日地公共质心公转。在月地系统中，由于地球质量是月球质量的约 81.3 倍，故公共质心位于地月连线上离地心约 4670km 处，即在地球内而离地表约 1700km 的地方，因此呈现出月球绕地球公转的现象。在日地系统中，太阳质量是地球质量的约 33 万倍，公共质心接近太阳质心，因此呈现出地球绕太阳公转的现象。

§2.3 引潮力与引潮势

2.3.1 引潮力

人类很早就了解到海潮和农历、月亮、太阳有关，但第一个给出科学解释的是英国科学家牛顿，他发现了万有引力定律，并用这个定律解释地球的潮汐现象，获得了巨大的成功，奠定了潮汐学科的科学基础。

地球上任一点都受到各天体的引力。同时，地球与每一个天体分别构成平衡系统，地球及天体都相对于平衡系统的公共质心作公转运动，且公转运动呈平动性质，因此地球上任一点的公转运动一致，受到完全相同的公转离心力。对于某单个天体 X，若地球上任一点 P 处受到该天体的引力记为 $\boldsymbol{F}_g$、公转离心力记为 $\boldsymbol{F}_c$，则引力与离心力的合力定义为该天体在 P 点处产生的引潮力，记为 $\boldsymbol{F}_t$（P 点处取单位质量，即力指加速度）。图 2.8 为引潮力示意，O 为地球的中心，O_X 为天体 X 的中心，$\boldsymbol{L}$ 为 P 点至 O_X 的矢量，$\boldsymbol{r}$ 为 O 点至 O_X 的矢量。

据万有引力定律，P 点处受到天体 X 的引力 $\boldsymbol{F}_g$（指向天体 X）为

$$\boldsymbol{F}_g(P) = \frac{GM_X}{L^2}\frac{\boldsymbol{L}}{L} \tag{2.3}$$

式中，G 为万有引力常数；M_X 为天体 X 的质量；L 为 $\boldsymbol{L}$ 的量值，即 P 点至 O_X 的距离。引力

11

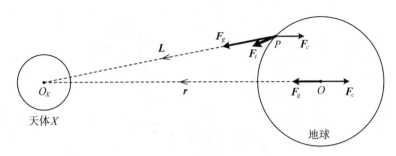

图 2.8　引潮力示意

F_g 与 P 点在地球上的位置有关。

公转离心力 F_c（背向天体 X）由下式计算

$$F_c = - \omega_0^2 r \frac{r}{r} \tag{2.4}$$

式中，ω_0 为地球绕地球与天体 X 公共质心作公转运动的角速率，r 为 r 的量值。因公转为平动，故地球上任意地点所受的公转离心力都相同。

P 点处由天体 X 引起的引潮力 F_t 是引力 F_g 与公转离心力 F_c 的合力，即

$$F_t(P) = F_g(P) + F_c = \frac{GM_X}{L^2} \frac{L}{L} - \omega_0^2 r \frac{r}{r} \tag{2.5}$$

引潮力 F_t 与 P 点在地球上的位置相关，而为了维持地球与天体 X 之间的距离（或者说维持该系统的平衡），引力 F_g 与公转离心力 F_c 必在地心处相平衡，即两者大小相等、方向相反（如图 2.8 中地心 O 处所示），因此地心处的引潮力 F_t 为零。于是，P 点处由天体 X 引起的引潮力又可定义为：该点和地心所受天体 X 引力的矢量差，即

$$F_t(P) = F_g(P) - F_g(O) \tag{2.6}$$

上述是对某个单一天体 X 引潮力的研究，为了论述方便，各参数符号中省略了天体 X 的标注。理论上，所有天体都能对地球产生引潮力，但考虑到各天体质量及与地球间的距离，只有月球（在潮汐学中通常也称为太阴）和太阳能够在海洋上产生可观测到的海面变化，并且月球引潮力大于太阳引潮力，约是太阳引潮力的 2.17 倍。月球引潮力和太阳引潮力产生的潮汐分别称为太阴潮与太阳潮，而总的潮汐效果则是月球引潮力与太阳引潮力的合力作用。但需注意的是，引潮力的量值只相当于地球重力的约十万分之一，因此，潮汐实质是海水在引潮力的水平分量作用下引起的堆积与扩散运动，对应于涨潮与落潮过程。

2.3.2　引潮势

2.3.2.1　势函数

在某空间中存在一向量场 F，在三维直角坐标系中表示为

$$F = F_x i + F_y j + F_z k \tag{2.7}$$

若空间中存在一标量函数 U，对于该空间内任意一点，U 对 x、y、z 的偏导数等于 F

的三个分量，即

$$F_x = \frac{\partial U}{\partial x} \quad F_y = \frac{\partial U}{\partial y} \quad F_z = \frac{\partial U}{\partial z} \tag{2.8}$$

或者说向量场 F 是 U 的梯度

$$F = \mathrm{grad}U \tag{2.9}$$

则称向量场 F 在该空间是保守的，标量函数 U 为向量场 F 的势函数或位函数。对向量场 F 的处理可转化为对标量函数 U 的处理，这将明显降低处理的难度。

2.3.2.2 引力势

引力是保守力，相应地便有引力势存在。在物理大地测量学中，对于地球引力场的研究也涉及引力势的概念。这里以式(2.3)中 P 点处受到天体 X 的引力 $F_g(P)$ 为例，对应的引力势为

$$U(P) = \frac{GM_X}{L} + C \tag{2.10}$$

式中，C 为常数。当 P 点离天体 X 的距离为无穷大，即 $L \to \infty$ 时，取 $U = 0$，则有 $C = 0$。此时，引力 F_g 对应的引力势为

$$U(P) = \frac{GM_X}{L} \tag{2.11}$$

2.3.2.3 引潮势

引潮力 $F_t(P)$ 依式(2.6)可表达为两个引力的矢量差，因引力为保守力，故引潮力也是保守力，相应地存在势函数，称为引潮势、引潮力势或引潮力位。

比照式(2.11)，地心所受天体 X 引力 $F_g(O)$ 的引力势 $U(O)$ 为

$$U(O) = \frac{GM_X}{r} \tag{2.12}$$

因为在地心处，引潮力为零，故引潮力位为常数，不妨令其为零，于是有地心处的公转惯性离心力势 $Q(O)$ 为

$$Q(O) = -U(O) = -\frac{GM_X}{r} \tag{2.13}$$

地球上任意地点所受的公转离心力都相同，若设地球的平均半径为 R，则地球表面 P 点处的公转惯性离心力势 $Q(P)$ 为

$$Q(P) = Q(O) + \int_0^R F_c \mathrm{d}R = Q(O) - \int_0^R \frac{GM_X}{r^2}\frac{r}{r}\mathrm{d}R \tag{2.14}$$

可得

$$Q(P) = -\frac{GM_X}{r} - \frac{GM_X}{r^2}R\cos\theta \tag{2.15}$$

式中，θ 为引潮天体 X 与 P 点的地心角距，即为天体 X 在 P 点的地心天顶距。

于是，天体 X 在地球表面 P 点处的引潮势 $\Omega(P)$ 为

$$\Omega(P) = U(P) + Q(P) = GM_X\left(\frac{1}{L} - \frac{1}{r} - \frac{1}{r^2}R\cos\theta\right) \tag{2.16}$$

与引潮力相似，天体中只需考虑月球与太阳。上式中，月球、太阳的质量可认为是定量，而月球、太阳相对地球上 P 点的距离与方位将呈现周期性的变化。

§2.4　平衡潮理论

17 世纪后半叶，牛顿利用万有引力定律解释潮汐现象时，提出了平衡潮理论。平衡潮理论假定地球整个表面都被等深的海水覆盖，并且不考虑海水的惯性、黏性和海底摩擦。在这种假定情况下，海水能立即响应天体引潮力的作用及其变化，在任一瞬间海面都与引潮力和重力的合力相垂直，即海面随时保持平衡状态，是一个等位面。月球、太阳与地球周期性的相对运动，使得引潮力周期性变化，海水在引潮力的水平分量作用下进行周期性的堆积与扩散运动，海面呈现周期性的上升、下降变化，这样一个海面时刻平衡的状态称为平衡潮。

平衡潮完全是一个假想的状态，但能解释若干潮汐现象，而且通过平衡潮的频率展开，确实可以深刻反映海洋潮汐的频谱结构。本节将基于平衡潮理论解释一些最基本的潮汐现象，并介绍引潮力(势)展开的历史过程，进而引入分潮的概念。

2.4.1　潮汐现象的解释

因月球引潮力是太阳引潮力的 2.17 倍，故潮汐现象与月球的运动最密切相关。

2.4.1.1　月中天与高潮

地球上大部分海域在一天内会出现两次高潮(低潮)，这与月中天有关。月球经过该地的子午圈时刻，称为当地月中天(或太阴中天)，月球每天经过子午圈两次，离天顶较近的一次称为月上中天，离天顶较远的一次称为月下中天。图 2.9 为月中天时地球子午圈剖面上引潮力示意图，A、B 在月球中心与地心 O 的连线上，此时 A 处为月上中天，B 处为月下中天。

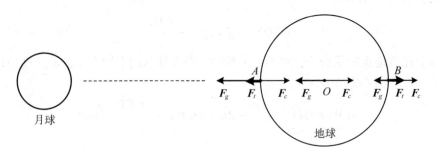

图 2.9　月中天时引潮力示意

在图 2.9 中的 A、O、B 处，公转离心力 F_c 相同，月球引力 F_g 随着与月球距离的增大而量值沿 A、O、B 逐渐减小。其中，在 A 处，月球引力 F_g 的量值大于公转离心力 F_c，引潮力 F_t 指向月球；在地心 O 处，两者的量值相等，引潮力为零；在 B 处，月球引力 F_g 的量值小于公转离心力 F_c，引潮力 F_t 背向月球。按此思路可相应地推测地球上各点处的引潮力方向，海水在引潮力作用下流动并达到平衡状态，如图 2.10 所示。图中实线为地球未受引潮力时的等深海面，而虚线为月中天时，瞬时响应引潮力作用后的海面形态示意。

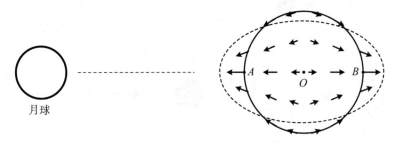

图 2.10　月中天时引潮力及瞬时海面形态示意

由图 2.10 知，月上中天的 A 处与月下中天的 B 处引潮力的水平分量都为零，但其他处海水在引潮力"牵引"作用下向 A 处与 B 处堆积，因此 A 处与 B 处都出现高潮，而垂直于地月连线处出现低潮。由前述月球的运动可知，月上(下)中天的周期为一太阴日，比太阳日长 50 分钟，即为 24 小时 50 分钟。在一太阴日内，A 处与 B 处将各经过一次月上中天、一次月下中天，因此每个太阴日内出现两次高潮。同理在每个太阴日内出现两次低潮。且易知，以平太阳时记，每天的高潮(低潮)比前一天的高潮(低潮)迟约 50 分钟。

2.4.1.2　月相与大潮、小潮

由前述图 2.2 知，潮差是逐日变化的。我国古代劳动人民早就发现潮差变化与月相变化(农历)相关。在朔(初一)望(十五、十六)达到半个月中的潮差最大，称为大潮；而在上弦(初七、初八)和下弦(廿二、廿三)达到潮差最小，称为小潮。图 2.11 为月相与大小潮示意图，图中实线为地球未受引潮力时的等深海面，虚线与点线分别为朔望、上下弦时瞬时响应月球引潮力作用后的海面形态示意。

如图 2.11 所示，当朔望时，太阳、月球、地球成一直线，月球引潮力作用与太阳引潮力作用叠加增强，此时发生大潮；而在上弦与下弦时，太阳、地球、月球成直角，月球引潮力作用与太阳引潮力作用的相互削弱最为显著，此时发生小潮。月相从朔开始经过上弦、望、下弦再回到朔的时间长度为一个朔望月。

2.4.1.3　月球赤纬与日潮不等、回归潮、分点潮、潮汐类型

月球的运行轨道(白道)与地球的赤道并不在同一平面内，相对于赤道面，月球在一回归月中两次经过赤道，各一次到达最南与最北。若在赤道坐标系中表示月球的位置，则月球在一回归月中两次赤纬为 0，各一次赤纬达到南最大与北最大。因地球上各点所受的月球引力指向于月球，故易知月球赤纬不同时，引潮力以及海面形态也将不同。图 2.12 为月球分别经过赤道与达到最北时海面形态示意图。

当月球经过赤道时，图中 A、B、C 处为月上中天，出现高潮，经过半个太阴日(12 小时 25 分钟)后为月下中天(即图中 A'、B'、C')，再次出现高潮，而且因引潮力一致而两次高潮的高度相等，此时的潮汐叫分点潮。

当月球赤纬最大时，月上中天与月下中天的引潮力不一致，两次高潮的高度不相等，

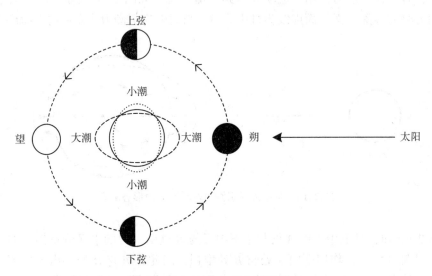

图 2.11　月相与大小潮示意

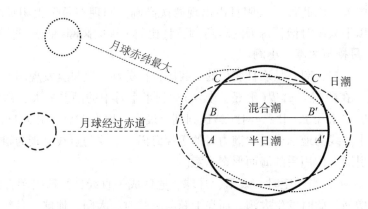

图 2.12　月球赤纬变化时海面形态示意

相应地两次低潮的高度也不相等。此种一日两次高潮(低潮)高度不等现象,叫日潮不等。日潮不等主要是由月球赤纬不为零引起的,当月球在最北或最南附近时,所产生的日潮不等现象最显著,此时的潮汐叫回归潮。分点潮与回归潮是月球赤纬变化而引起的,所以称为回归不等,其周期为半个回归月。

　　日潮不等现象还与地理纬度有关,如图 2.12 中 A、B、C 处:①A 点处一个月内每天都有两次高潮或低潮,随着月球赤纬增大,日潮不等也相应增大,该类型变化规律的潮汐称为(规则或正规)半日潮类型;②B 处虽一太阴日内也出现两次高潮或低潮,但日潮不等现象比 A 处显著,两相邻的高潮(低潮)的高度差十分明显,该类型变化规律的潮汐称为混合潮类型;通常可进一步细分为两种类型:一是每天都出现两次高潮或低潮,称为不规则半日潮(混合潮)类型;二是在回归潮前后数天将出现每天只有一次高潮或低潮,称为不规则日潮(混合潮)类型;③C处,当月球经过赤道时,一太阴日内出现两次高潮和低潮,但潮差很小,可能完全消失;而当月球赤纬增大时,两个小的潮高(高低潮和低高潮)完全消失,每天只出现一次高潮与低潮,而且每天只出现一次高潮与低潮的日子在一个月内占大多数,该类型变化规律的潮汐称为(规则或正规)日潮类型。

2.4.1.4 月地距离与视差不等

天体与地球的距离可采用地平视差来表示。如图2.13所示,地球的平均半径为R,地心与天体中心的距离为r,通过天体中心作地球的切线,和地心与天体中心连线的夹角φ即为地平视差。

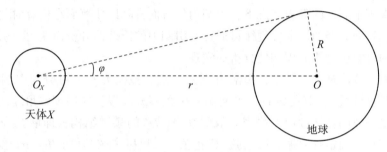

图2.13 地平视差

由图2.13易得

$$\sin\varphi = \frac{R}{r} \tag{2.17}$$

式中,R通常取赤道半径,即等于6 378km。由于φ很小,$\sin\varphi$近似等于φ的弧度值。从而地平视差与天体至地心的距离成反比,因此,地平视差的大小可作为天体与地球间距离的指标参数。经计算,太阳的平均地平视差为8.794″,月球的平均地平视差为57′02.70″。月球绕地球、地球绕太阳的轨道都为椭圆,如图2.14所示。

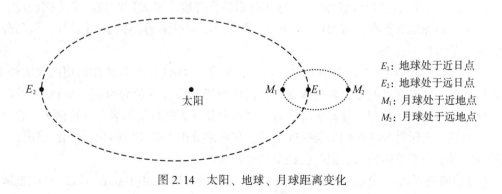

E_1:地球处于近日点
E_2:地球处于远日点
M_1:月球处于近地点
M_2:月球处于远地点

图2.14 太阳、地球、月球距离变化

在一个月内,地月距离变化约50 000km,月球处于近地点时(图中M_1)引潮力最大,太阴潮潮差相应地比其他时刻大;而处于远地点时(图中M_2)的引潮力最小,太阴潮潮差

17

相应地比其他时刻小。在一年内，日地距离也不同，地球处于近日点时(图中 E_1，每年 1 月 2 日前后)，太阳潮潮差增大；而地球处于远日点时(图中 E_2，每年 7 月 2 日前后)，太阳潮潮差减小。总之，潮差的大小还随月地距离与日地距离的大小而变化，因天文上以地平视差表示天体与地球的距离，故此种潮差不等现象称为视差不等。

2.4.2　引潮力(势)的展开与分潮概念

2.4.2.1　展开的目的与基本过程

月球与太阳产生的引潮力是海洋潮汐的源动力，引潮力随着地球自转和地、月、日之间相对距离与位置等的变化而变化，这些天体运动呈现周期性质，决定了潮汐现象的周期性。在平衡潮理论假定的理想状态下，引潮力使海面升降以使海面在任意时刻都保持平衡状态，因此，海面升降的周期性规律可通过对引潮力的周期性分析而获得。引潮力作为保守力，也可通过对引潮势的周期性分析而实现。

在诸多海洋潮汐理论文献中，引潮力(势)的展开按研究对象可分为引潮力 F_t(分为水平分量与垂直分量)、引潮势 Ω、平衡潮 Ω/g 的展开。但从应用理解角度，展开的最终目标可认为是一致的：从理论上严密获取引潮力(势)的频谱结构，即展开为众多频率振动的叠加。若每个固定频率振动以余弦(或正弦，这里以余弦为例) $H\cos\sigma t$ 形式表示，引潮力(势)统一以 Θ 表示，则目标是将 Θ 展开为下式的形式

$$\Theta = \sum_{i=1}^{n} H_i \cos\sigma_i t \tag{2.18}$$

式中，n 表示振动数；H 为振幅；σ 为振动的角速率；t 为时间变量。

每一固定频率的振动项被称为调和项或分潮，而这样的展开称为调和展开。因引潮力(势)取决于月球、太阳相对地球的运动，故展开的进程受限于太阳运动与月球运动的理论和数据，可分为以下几个主要阶段：

(1)第一展开式(拉普拉斯(Laplace)展开)。以 P 点和引潮天体的赤纬、天体时角为变量，对引潮力(势)进行展开，只简单分离出长周期、全日周期和半日周期三部分。

(2)第二展开式。以月地距离、月球在白道的真经度、平太阳时角、平太阳经度、白赤道交角、白赤道交点在赤道和白道的经度等为变量对引潮力(势)进行展开，但部分变量的变化范围达不到 360°。

(3)第三展开式(达尔文(Darwin)展开)。达尔文于 1883 年以月球在白道的真实经度、平太阳经度、白赤交点的赤经和白赤交点在白道的经度等为变量对引潮力进行调和展开，每个展开项即为一个分潮，并对主要半日分潮和全日分潮进行了命名，这种命名一直沿用至今。但达尔文所得分潮振幅仍与时间有关，相角部分也不是随时间匀速变化，所以达尔文展开实质上并不是调和的，但是已经很接近调和项了。

(4)第四展开式(杜德逊(Doodson)展开)。杜德逊采用布朗(Brown)月理(月球轨道有关参数的纯调和展开式)于 1921 年首次给出纯调和展开式，变量采用六个基本天文参数，列于表 2.1。

表 2.1 六个基本天文参数

参数	意义	角速率(°/h)	周期
τ	平月球地方时	14.49205211	平太阴日
s	月球平经度	0.54901650	回归月
h	太阳平经度	0.04106863	回归年
p	月球近地点平经度	0.00464188	8.847 年
N'	$N=-N'$，月球升交点平经度	0.00220641	18.613 年
$p'(p_s)$	太阳近地点平经度	0.00000196	20940 年

表 2.1 中 N 为月球升交点平经度，月球升(降)交点在约 18.61 年内向西运动一周，称为月球升(降)交点西退，N 的量值是随时间而减小的，因此，杜德逊用 $N'=-N$ 来替换 N，使得所有六个基本天文参数的量值都随时间而增大。18.61 年通常也被认为是潮汐完整变化的周期，在海洋潮汐学中具有重要的意义。

2.4.2.2 分潮的杜德逊编码

杜德逊将引潮力展开为 300 多个调和项(分潮)，各分潮的系数(即振幅)对一定地点为常数，而每个分潮的相角 V 随时间而匀速变化，为六个基本天文参数的线性组合：

$$V = \mu_1\tau + \mu_2 s + \mu_3 h + \mu_4 p + \mu_5 N' + \mu_6 p' + \mu_0 \frac{\pi}{2} \qquad (2.19)$$

式中，μ_0 是为了将调和项都化为余弦形式；μ_0，μ_1，$\cdots$，μ_6 这 7 个系数都为整数。

因此，只要据式(2.19)计算出 t 时刻的六个基本天文参数，便可由上式得知该分潮在 t 时刻的相角 V。而该分潮的角速率 σ 是相角 V 对时间的导数，由式(2.19)对时间求导数，可由 μ_1，μ_2，$\cdots$，μ_6 与六个天文参数的角速率(表 2.1)按下式计算角速率 σ：

$$\sigma = \mu_1\dot{\tau} + \mu_2\dot{s} + \mu_3\dot{h} + \mu_4\dot{p} + \mu_5\dot{N'} + \mu_6\dot{p'} \qquad (2.20)$$

由上述可知，μ_1，μ_2，$\cdots$，μ_6 确定了分潮的相角与角速率，故可作为识别区分不同分潮的标识，称为杜德逊数(Doodson number)。其中，μ_1 总为非负整数，而 μ_2，μ_3，$\cdots$，μ_6 在 ±12 内，绝大多数取值在 ±4 内。杜德逊设计"*NNN.NNN*"形式编码记录 μ_1，μ_2，$\cdots$，μ_6，称为幅角数或杜德逊编码。N 都为 0 至 9 的整数，第一个 N 直接取为 μ_1，而后续 5 个 N 为对应系数加上 5。如某分潮的 μ_1，μ_2，$\cdots$，μ_6 分别为 2，-2，2，0，0，0，则对应的杜德逊编码为 237.555。对于极少数 ≥5 和 ≤-5 者，对应的 N 将以字母代替：L 表示 -1，X 表示 10，E 表示 11。至此，每个分潮都以 μ_1，μ_2，$\cdots$，μ_6 或杜德逊编码来唯一标识。

2.4.2.3 分潮的分群

由表 2.1 知，六个基本天文参数的周期相差很大，而 μ_1，μ_2，$\cdots$，μ_6 都是一些小的整数，因此在频谱图上，分潮的分布不是均匀的，而是一丛一丛的，通常将分潮按族、群和亚群来划分。首先按 $\mu_1 = 0$，1，2，3 分成四个大的丛，叫做潮族 0，1，2，3，即第一个杜德逊数相同的分潮处于同一潮族。

(1) 属于潮族 0 的分潮，其周期长，故称为长周期分潮，而潮族 0 也称为长周期分潮族；

(2) 属于潮族 1 的分潮，其周期约一天，故称为全日分潮，而潮族 1 也称为日周期分潮族；

(3) 属于潮族 2 的分潮，其周期约半天，故称为半日分潮，而潮族 2 也称为半日周期分潮族；

(4) 属于潮族 3 的分潮，其周期约 1/3 天，故称为 1/3 日分潮，而潮族 3 也称为 1/3 日周期分潮族。

在同一潮族中，又可按 μ_2 的不同而分成更小的丛，每一丛叫做群，即前两个杜德逊数都相同的分潮处于同一群。在同一群中，可进一步按 μ_3 的不同而分成若干个亚群，即前三个杜德逊数都相同的分潮处于同一亚群。

2.4.2.4　分潮的命名

杜德逊编码可唯一标识分潮，但在数百或数千分潮中，大部分分潮的振幅都很小。达尔文曾经对一些主要的分潮进行了命名，基本规则是以下标来表示分潮周期的大体长度：a，sa，m，f 分别代表周期约为一年（annual）、半年（semi-annual）、一月（monthly）和半月（fortnightly）；而 1，2，3 分别代表周期约为一天、半天与 1/3 天。该命名规则一直沿用至今。

对于特别重要的分潮，根据其来源还有专门名称。月球和太阳引潮力中最主要的半日分潮分别为 M_2 与 S_2，称为主要太阴半日分潮和主要太阳半日分潮，S_2 略小于 M_2 的一半。由于月地距离变化而产生的主要半日分潮是 N_2，称为主要太阴椭率半日分潮，略小于 M_2 的 1/5。由于白道对赤道存在倾角，在月球引潮力中存在半日分潮 K_2；而因黄道倾角，在太阳引潮力中也存在半日分潮 K_2，两者角速率相同，合成的分潮 K_2，称为太阴太阳合成半日分潮，略大于 M_2 的 1/10。

由于白道倾角，在月球引潮力中存在两个大小基本相同的分潮 O_1 与 K_1；而黄道倾角也造成两个大小基本相同的分潮 P_1 与 K_1；两个 K_1 分潮的角速率相同，合成的分潮 K_1 称为太阴太阳合成全日分潮；而 O_1 与 P_1 分别称为主要太阴全日分潮与主要太阳全日分潮，O_1 略大于 K_1 的 2/3，P_1 略小于 K_1 的 1/3。月地距离变化造成的全日分潮主要有 Q_1、J_1 与 M_1，其中 Q_1 最大，略小于 O_1 的 1/5，称为主要太阴椭率全日分潮。

附录 A 中的附表 A.1 列出了杜德逊展开获得的 300 多个分潮的信息，表中相对较大的分潮采用达尔文的分潮命名。

2.4.2.5　分潮相角与基本天文参数计算

分潮在时刻 t 的相角 $V(t)$ 可直接按式（2.19）计算，或者选定某一时刻 t_0 为起点（参考时刻），按式（2.19）计算得出该时刻相角 $V(t_0)$。设从 t_0 至 t 的时间间隔为 Δt，则

$$V(t) = V(t_0) + \sigma \Delta t \tag{2.21}$$

式中，σ 为分潮的角速率，通过式(2.20)计算。

在式(2.19)中，μ_1，μ_2，$\cdots$，μ_6 对于某分潮而言是已知常数，故分潮相角的计算将归结于六个基本天文参数的量值计算。六个基本天文参数在时刻 t 的值由下式计算

$$\begin{cases} \tau = 15° \cdot t' - s + h \\[2mm] s = 277.0247° + 129.38481° \cdot \mathrm{IY} + 13.17639° \cdot \left(\mathrm{IL} + D_S + \dfrac{t'}{24}\right) \\[2mm] h = 280.1895° - 0.23872° \cdot \mathrm{IY} + 0.98565° \cdot \left(\mathrm{IL} + D_S + \dfrac{t'}{24}\right) \\[2mm] p = 334.3853° + 40.66249° \cdot \mathrm{IY} + 0.11140° \cdot \left(\mathrm{IL} + D_S + \dfrac{t'}{24}\right) \\[2mm] N' = 100.8432° + 19.32818° \cdot \mathrm{IY} + 0.05295° \cdot \left(\mathrm{IL} + D_S + \dfrac{t'}{24}\right) \\[2mm] p' = 281.2209° + 0.017192° \cdot \mathrm{IY} + 0.00005° \cdot \left(\mathrm{IL} + D_S + \dfrac{t'}{24}\right) \end{cases} \quad (2.22)$$

上式的相关说明如下：

(1) τ 的计算依托于后续五个参数。后五式的右侧第一项为常数项，是 1900 年 1 月 1 日格林威治 0 时的量值，即上式是以该时刻作为参考历元。因此，时刻 t 应是世界时(格林威治 0 时区)，其他时间系统可按式(2.1)进行转换。设时刻 t 对应的世界时表示为 Year-Month-Date Hour：Minu：Sec。

(2)后五式的右侧第二项的数值是指年变化率，IY 是指从 1900 年开始累积的年数，即 IY = Year−1900，该项计算了累积年变化部分。

(3)后五式的右侧第三项的数值是指日变化率，计算不足一年的变化量。IL 指 1900 年至 Year 年的闰年数，不包括 Year 年(如果这一年也是闰年)，在 2100 年前可简单地用 $\mathrm{IL} = \dfrac{\mathrm{Year} - 1901}{4}$ 之整数部分来计算。D_S 是 Year 年 1 月 1 日起到计算日的累积日期序数(整日数)，可按月份 Month 与日期 Date 由表 2.2 计算。t' 为当日不足一天的小时数(浮点数)，$t' = \mathrm{Hour} + \dfrac{\mathrm{Minu}}{60} + \dfrac{\mathrm{Sec}}{3600}$。

表2.2　　　　　　　　　　　　　累积日期序数计算表

月　　份	日期序数 D_S	
	平年	闰年
1	Date−1	Date−1
2	Date+30	Date+30
3	Date+58	Date+59

续表

月　份	日期序数 D_s	
	平年	闰年
4	Date+89	Date+90
5	Date+119	Date+120
6	Date+150	Date+151
7	Date+180	Date+181
8	Date+211	Date+212
9	Date+242	Date+243
10	Date+272	Date+273
11	Date+303	Date+304
12	Date+333	Date+334

以计算 M_2 分潮(杜德逊编码为 255.555，μ_0 为 0)2015 年 7 月 1 日(东 8 区北京时)的 24 个整点时刻的相角为例，总结基本天文参数与分潮相角的计算方法与过程。该算例采用两种方法：一是按式(2.22)计算 24 个整点时刻的基本天文参数，再由式(2.19)分别计算对应的 24 个时刻的相角；二是按式(2.22)计算 0 时的基本天文参数，再由式(2.19)计算 0 时的相角以及由式(2.20)计算分潮角速率，最后由式(2.21)计算后续 23 个整点时刻的相角。方法一适用于计算任意时刻的分潮相角，对于本算例，将重复 24 次同一计算过程；而方法二虽略比方法一复杂，但在计算大批量固定时间间隔的分潮相角时，将具有更高的效率。下面演示方法二计算本算例的过程。

计算 0 时基本天文参数的过程如下：

1)时区转换

东 8 区北京时：2015-07-01 00:00

对应于世界时：2015-06-30 16:00

2)计算式(2.22)中的时间变量

$$IY = Year-1900 = 2015-1900 = 115$$

$$IL = \frac{Year-1901}{4} \text{之整数部分} = 28$$

$$D_s = 30+150 = 180$$

$$t' = 16$$

3)按式(2.22)计算基本天文参数

$$\tau = 72.657770°$$

$$s = 265.751230°$$

$$h = 98.409000°$$

$$p = 353.817117°$$
$$N' = 174.632800°$$
$$p' = 283.208413°$$

计算 24 个整点时刻 M_2 分潮相角的过程如下：

1）分潮信息

M_2 分潮：杜德逊编码 255.555

　　　　　对应杜德逊数 2，0，0，0，0，0

　　　　　$\mu_0 = 0$

2）按式（2.19）计算 0 时相角

将 0 时（北京时）的基本天文参数值与分潮信息代入式（2.19），得

$$V(t_0) = 145.315540°$$

3）按式（2.20）计算角速率

将表 2.1 的基本天文参数的角速率与分潮杜德逊数代入式（2.20），得

$$\sigma = 28.984104°/h$$

4）按式（2.21）计算后续 23 个整点时刻的相角

将 0 时（北京时）的相角与分潮角速率代入式（2.21），得

$$V(t_i) = V(t_0) + i \cdot \sigma \quad (i = 1, 2, \cdots, 23)$$

§2.5　平衡潮与实际潮汐现象的关系

在平衡潮假设条件下，引潮力使地球海洋表面时刻保持对应的平衡潮面，在正对和背向月球的位置形成高潮，这解释了地球绝大部分地点一天出现两次高潮的现象；由于月球运行轨道面与赤道面不重合，这解释了日潮不等现象；由月球和太阳的位置关系（表现为月相或农历）可以解释大潮和小潮现象。而对引潮力（或引潮势等）的展开获得了潮汐变化的频谱结构（包括分潮的振幅、角速率和相角等）。这些成就奠定了海洋潮汐的科学基础。但平衡潮完全是一个假想的状态，实际的海洋潮汐由于受到海岸地形、海底摩擦、海水惯性等各种因素的影响，呈现非常复杂的变化。平衡潮与实际海洋潮汐现象之间主要存在如下不相符：

（1）在平衡潮理想情况下，月中天时刻应出现高潮，但因海水有惯性，而且海水深浅不一、岸形复杂以及海水流动受到摩擦力等作用，所以实际上要经过一段时间才发生高潮。从月中天至出现高潮的时间间隔，称为高潮间隙，一般在数十分钟内。

（2）在平衡潮理想情况下，潮差在一个月内随着月相变化而呈现明显的规律：在朔望，月、日的引潮力方向一致而潮差达到半个月内最大，发生大潮；而在上下弦，潮差达到半个月内最小，发生小潮。实际上，潮差的这种变化规律只发生在（规则或不规则）半日潮类型海域，即大潮与小潮概念只存在于（规则或不规则）半日潮类型海域。而且实际的大潮发生在朔望后一段时间，从朔望至大潮来临的时间间隔，称为半日潮龄，我国海域一般为 2~3 天。

（3）在平衡潮理想情况下，随着地理纬度向南北极增大，日潮不等也相应增大，进而使得地球表面呈现不同的潮汐类型，潮汐类型分布完全取决于纬度。但实际上，潮汐类型的分布要复杂得多，如渤海以不规则半日潮类型为主，东海以半日潮类型为主，而南海以不规则日潮为主。

（4）在平衡潮理想情况下，月球达到赤纬最大时应出现回归潮，实际上从月球最大赤纬至发生回归潮之间间隔一段时间，称为日潮龄，我国海域一般约 2 天。而且对于（规则或不规则）日潮类型海域，每月两次的回归潮与分点潮分别对应于潮差的极大与极小，类似于（规则或不规则）半日潮类型海域的大潮和小潮。

（5）从月球近地点至最大潮差的时间间隔，称为视差潮龄，通常为 2~3 天。

（6）平衡潮理论计算海洋能达到的最大潮差约 0.9m，而实际潮差普遍大于该值，大陆架海区的潮差通常比该值大得多。如我国沿海各地的平均潮差为 0.7m 至 5.5m，杭州湾的最大潮差能达到约 9m。

总体上，平衡潮理论能解释潮汐的主要现象，基于引潮力（势）展开，理论上获得了潮汐的频率结构。实际海洋潮汐呈现更复杂的变化，体现于分潮振动幅度与相位、潮汐类型、潮差等非常复杂的空间变化。图 2.15 为我国沿岸四个长期验潮站某月同步实测水位变化曲线（潮汐类型分类依据见 2.4.1.3），横轴为日期，纵轴为水位在平均海面上的高度，单位为米。图上方图例表示四种月相特征（参照图 2.6 或图 2.11）；而图下方字母表示月球赤纬与月地距离特征时刻：E 表示月球经过赤道面，N 与 S 分别表示月球北赤纬最大与南赤纬最大，A 与 P 分别表示月球经过近地点与远地点。上方月相与下方字母的位置对应于出现的日期。

由图 2.15 可看出实际潮汐变化的如下规律性：

（1）四个验潮站的潮差在一个月内都出现了两次极大与极小。其中，半日潮与不规则半日潮类型的潮差变化取决于图上方的月相：潮差极大出现在朔望后约两天（半日潮龄），潮差极小出现在上弦与下弦后约两天；而不规则日潮与日潮类型的潮差变化取决于图下方的月球赤纬：潮差极大出现在月球北赤纬最大与南赤纬最大后约两天（日潮龄），潮差极小出现在月球经过赤道面后约两天。也就是半日潮与不规则半日潮类型海域的潮差极值分别在大潮与小潮，而不规则日潮与日潮类型海域的潮差极值分别在回归潮与分点潮。日常中，有时直接都称为大潮与小潮，一方面这与全球大部分海域的潮汐类型都是规则、不规则半日潮类型有关；另一方面，这更便于理解潮差的极值特征，有时为了区分两种潮差极大，分别称为朔望大潮与回归大潮。

（2）四个验潮站的日潮不等现象都取决于月球赤纬。当月球经过赤道（对应于图中 E）后约两天，日潮不等现象基本消失，日潮类型也出现每天两次高潮与两次低潮；而月球达到南北赤纬最大（对应于 N 与 S）后约两天，日潮不等现象最明显，且沿半日潮类型、不规则半日潮类型、不规则日潮类型与日潮类型的顺序增强，不规则日潮类型与日潮类型的日潮不等现象达到每天只出现一次高潮与一次低潮的极限，即低高潮与高低潮消失。

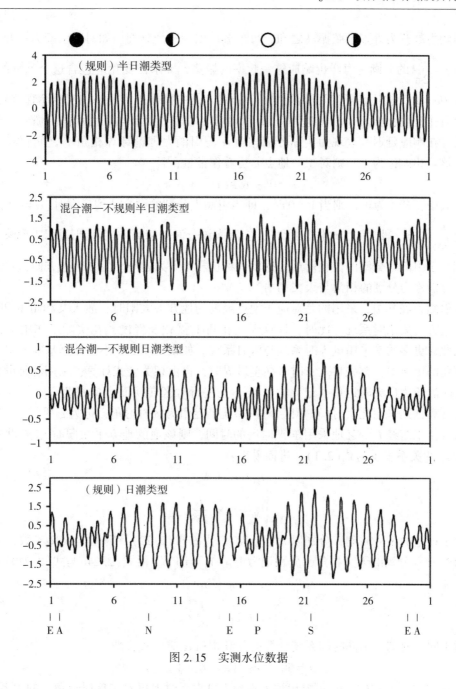

图 2.15 实测水位数据

§2.6 实际潮汐分潮及其调和常数

2.6.1 调和常数的概念

实际海洋的潮汐虽不是平衡潮，但其动力源仍是引潮力，其频谱特征应与引潮力一

致。引潮力展开为许多余弦振动之和，每个振动项为一个分潮，如对于引潮力展开中的某

频率为 $f = \dfrac{\sigma}{2\pi}$ 的分潮，海洋也响应这一频率的振荡，即水位变化应包含这个频率的成分，

可写作 $H\cos\alpha$，它代表了实际潮汐的一个分潮。其中振幅 H 往往大于平衡潮振幅，对一地点可看作常量；相角 α 以角速率 σ 随时间均匀增加，因海洋巨大水体的惯性，海洋对引潮力存在响应延迟，表现为实际分潮相角 α 与引潮力理论计算相角 V 之间存在着位相差，若该位相差记为 k，则对于一地点 k 可看作常量，且

$$k = V - \alpha \quad 或 \quad \alpha = V - k \tag{2.23}$$

上式中，若 k 为正，则当 $V = 0$ 时，即当引潮力分潮的潮高达到最大时，$\alpha = -k$，需要

再经过 $\dfrac{k}{\sigma}$ 这样一段时间，α 才能达到 0，实际潮汐分潮的潮高才能达到最大。k 反映了实际

分潮相对于引潮力分潮的位相落后。据此，称位相差 k 为迟角。为了表述方便，习惯上将 α 与 V 分别称为分潮的相角与天文相角。

在引潮力展开中，采用的是对应于地点经度的地方平太阳时，故天文相角 V 和迟角 k 都基于地方平太阳时系统。此时，计算天文相角 V 需顾及经度，在实际工作中不方便使用。因此，更多的是采用世界时系统与区时系统。如在 2.4.2.5 小节计算基本天文参数与天文相角的示例中，首先将北京时转换至世界时，再由相关公式计算，采用的是世界时系统，此时迟角为世界时迟角，记为 G。若不先进行时区转换而直接将北京时代入相应公式进行计算，则采用北京时(东 8 区)时间系统，迟角为区时迟角，记为 g。

假设位于东经 L 的某地采用东 N 时区的时间，则该地的地方平太阳时 t_M、世界时 t_U 与区时 t_Z 的关系表示为式(2.1)，进而易得：

$$\begin{cases} t_Z = t_U + N \\ t_M = t_U + \dfrac{L}{15^\circ} \end{cases} \tag{2.24}$$

对于该地的某一时刻，分别以 t_M、t_U 与 t_Z 代入式(2.22)计算基本天文参数，进而按式(2.19)计算分潮的天文相角，分别记为 V_M、V_U 与 V_Z。由式(2.24)与式(2.21)可得：

$$\begin{cases} V_Z = V_U + N\sigma \\ V_M = V_U + \dfrac{L}{15^\circ}\sigma \end{cases} \tag{2.25}$$

对于同一时刻，不同时间系统计算的分潮相角 α 应一致，即

$$\alpha = V_M - k = V_U - G = V_Z - g \tag{2.26}$$

由式(2.25)与式(2.26)可推出地方迟角 k、世界时迟角 G 与区时迟角 g 的关系为

$$\begin{cases} g = G + N\sigma \\ k = G + \dfrac{L}{15^\circ}\sigma \end{cases} \tag{2.27}$$

各地的时间系统一般都采用所属国家或地区的区时系统，因此在不注明的情况下，迟角通常指区时迟角 g，在我国是指北京时(东 8 区)的迟角。

相比于平衡潮，实际潮汐呈现更复杂的变化，在宏观层面体现于潮差、高潮与低潮的

潮时等复杂的空间变化。在微观层面体现于分潮的振幅 H 与迟角 g 的复杂变化。振幅 H 与迟角 g 反映了海洋对引潮力中对应频率的响应，该响应决定于海区的岸线形状、海底地形等海洋动力学性质。对一般海区，海洋环境特征的变化十分缓慢，振幅 H 与迟角 g 十分稳定，可看作是常数，两者合称为分潮的调和常数。

2.6.2　气象分潮与浅水分潮

月球与太阳引潮力引起的分潮，称为天文分潮。除了天文分潮，实际潮汐中还存在着气压、风等气候、气象条件引起的周期性变化。如高气压能使水位降低，而低气压则会使水位升高；迎岸风可以引起水位上升，离岸风可以引起水位下降。我国近海，冬季多北风且气压较高，夏天则多南风且气压较低，这会造成水位冬低夏高的季节变化。为了反映水位的这种季节变化，引入周期为一个和半个回归年的分潮，分别称为年周期分潮 S_a、半年周期分潮 S_{sa}。虽然在引潮力（势）展开式中也有这两个频率项，但在各展开式中它们所占的比例非常小，实际上是由气象因素的周期性作用而引起的，故这些分潮称为气象分潮。若进一步探究动力源，气象的周期变化起因于太阳辐射的周期性变化，因此，气象潮也称为辐射潮。

除了气象影响外，海水响应引潮力的运动在浅水区因摩擦等作用而可能产生畸变，体现为在天文分潮的基础上产生新的分潮，称为浅水分潮。浅水分潮的角速率是天文分潮角速率的和或差，特别是在角速率之和的频率上出现较强的振动，即浅水分潮主要呈现高频特征。如在 M_2 基础上产生倍潮 M_4，角速率是 M_2 的两倍；M_2 分别与 S_2、M_4 产生复合潮 MS_4、M_6，角速率分别是 M_2 与 S_2、M_4 的和。在众多中高频的浅水分潮中，M_4、MS_4、M_6 是振幅相对较大的三个。

第3章 水位观测及潮汐分析与预报

相比于平衡潮假设的理想状态，实际海水运动受到岸形、海底地形、惯性、摩擦以及气象等因素的综合影响，使得实际海洋潮汐在空间上呈现十分复杂的变化，特别是近岸浅水海域。我国渤海、黄海与东海是世界上潮汐最复杂的典型海域，海面升降的空间代表性较差，因此，需在不同地点测量海面升降变化，该工作称为水位观测、潮汐观测或验潮。由水位数据通过潮汐分析可获得分潮的调和常数，最常用的潮汐分析方法是调和分析法。采用调和分析方法的潮汐分析也可直接称为潮汐调和分析，或简称为调和分析。潮汐预报是潮汐分析的逆过程，由分潮的调和常数计算某时刻的潮位高度。

§3.1 水位观测

水位观测是指利用验潮设备测量记录某个地点的海面随时间的升降变化。该观测地点称为验潮站、水位站。海面升降是连续变化的，通常是以等时间间隔(如 5 分钟、10 分钟、1 小时等)观测记录海面的垂直位置。

3.1.1 验潮站的分类

验潮站通常按观测持续时间长度进行分类，国内外对分类采用的时长和类别并未形成统一标准，如：

(1)《海道测量规范》(GB 12327—1998)中将验潮站分为四类：长期验潮站一般应有 2 年以上连续观测的水位资料；短期验潮站一般应有 30 天以上连续观测的水位资料；临时验潮站在水深测量时设置，至少应与长期站或短期站在大潮期间(良好日期)同步观测水位 3 天；海上定点验潮站，至少在大潮期间(良好日期)与相关长期站或短期站同步观测一次或三次，24 小时或连续观测 15 天水位资料。

(2)《水运工程测量规范》(JTS 131—2012)中将验潮站分为三类：沿海长期站的建立应连续观测水位 5 年以上；短期站宜和相邻长期站同步观测 30 天以上；临时站与长期站或短期站应在大潮期间同步观测 3 天以上。

(3)美国将验潮站分为三类：基本控制验潮站(primary control tide station)，连续观测时长不短于 19 年；二级控制验潮站(secondary control tide station)，连续观测时长在 1 年至 19 年间；三级验潮站(tertiary tide station)，连续观测时长在 1 个月至 1 年间。

通常只有长期验潮站才连续观测 1 年以上，长期验潮站一般建有验潮井、验潮室等专用设施，除了观测水位外，还观测海浪、海水温度与盐度、风、气压、温度、湿度等部分水文与气象要素，此时，验潮站也称为水文站、海洋观测站。图 3.1 为沿岸长期验潮站示意。

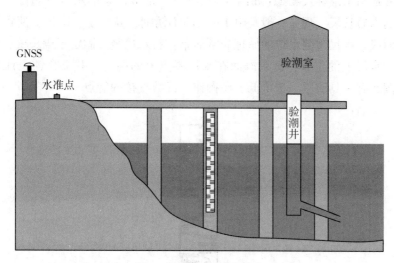

图 3.1 长期验潮站示意

海洋、水利、海事与海军等部门在我国沿海和内河建立了数百个长期验潮站，长期连续观测包含水位在内的水文与气象要素，在海洋测量、气象、交通、军事、海洋工程建设等方面发挥了重要的作用。在部分长期验潮站附近，并置了高等级的全球导航卫星系统（Global Navigation Satellite System，GNSS）观测墩与水准点，通过连续 GNSS 观测与定期的高等级水准联测，可用于监测地壳沉降、平均海面变化等。沿海长期验潮站维持着海域垂直基准框架，高质量的长期水位观测数据、GNSS 观测数据与水准联测数据等可精确确定平均海面、深度基准面、椭球面、国家高程基准等之间的关系。

在海洋测量中，通常需布设验潮站，以覆盖测区的潮汐变化为基本原则设置验潮站的数量与地址。验潮时间应包含外业水深测量时段，时长一般为数天至数月，习惯上可统称为短期验潮站。

3.1.2 水位观测方法

在海边观察海面的动态变化时，最易感知的是波浪，风等引起的波浪使海面一直处于变化中。但需注意的是，水位观测是测量验潮站处海面的整体升降。从变化周期上，一般波浪的周期为 0.1s 至 30s，而振幅达到 1cm 以上的分潮周期都在 2 小时以上。因此，在水位观测时需滤除高频的波浪影响，方法主要有两种：一是通过验潮井抑制波浪（如图 3.1 所示），通常只有长期验潮站才建有验潮井，具有良好的消波性能；二是低通滤波，又可细分为：①测量时高频采样，采用数秒至数十秒内的平均值；②水位数据预处理时，对水位数据进行平滑。

水位观测方法与手段主要取决于采用的仪器设备。下面介绍在沿岸水深测量中布设验潮站时常用的几种水位观测仪器。

3.1.2.1　水尺

水尺的外形与水准标尺相似(如图 3.2 所示),是最古老的水位观测仪器。早期,水尺是 3~5m 的木质长尺,现在一般是由 1m 长的不锈钢、高分子、铝板、搪瓷铁片等材质的水尺拼接而成。水尺观测水位的原理非常简单:将水尺竖直固定于码头壁、海滩上,人工读取水面在水尺上的位置,记录海面在水尺零点上的高度,并结合钟表计时。由此可知,水尺验潮具有工具简单、造价低、易操作、读数直接的特点。

图 3.2　水尺

设立水尺的要求是竖直牢固,高潮不淹没、低潮不干出。对于潮差大或者长滩涂区域,可按需要沿坡设立多根水尺,通过水准联测或水面联测,确定各水尺零点间的高差关系。水位观测时,依海面的位置选择合适的水尺进行读数,不同水尺零点读数应归化到同一的水位零点。

海面受波浪的影响,在水尺上的位置是起伏变化的,读数时需人工判断海面的平均位置以减弱波浪的影响。在海况恶劣、波浪较大时,人工读数的精度较低且存在一定的危险性。长时间验潮时,简单重复的读数工作易使人厌烦,可能出现漏测、读数错误等情况;并且可能需两人或多人轮流值守,人力成本较高。因此,水尺通常用于易设立与读数的码头等地点、实施短时间的验潮。

利用水尺读数直接的特点,水尺常用于检核其他自动验潮仪器,如长期验潮站的验潮井内外一般都设有水尺(如图 3.1 所示),定期由水尺检核自动验潮仪器的可靠性,并通过对比井内外的水位数据,计算井内外的时间延迟,进而评估验潮井进水管的通畅程度。

3.1.2.2　压力验潮仪

压力验潮仪是通过测量海水的压强变化而间接推算出海面的升降变化。在水深测量中,电子式压力验潮仪是验潮站布设的最常用的验潮设备,图 3.3 为某型电子式压力验潮仪的安装示意图。

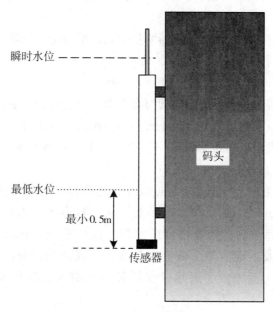

图 3.3　压力验潮仪安装示意

验潮仪固定安装于水下，设传感器上的水体产生的压强为 P_w，按液体压强公式换算得到瞬时海面在传感器上的高度 h：

$$h = \frac{P_\mathrm{w}}{\rho g} \tag{3.1}$$

式中，ρ 为海水密度；g 为当地重力加速度。

式(3.1)是压力验潮仪的基本原理。电子式压力传感器可分为表压式与绝压式(如图 3.4 所示)，相应的压力验潮仪分为有缆式和自容式两种。

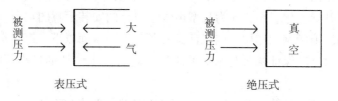

图 3.4　传感器类型示意

1. 表压式传感器

表压是指相对大气的压强值，传感器测量的是传感器上水体产生的压强值，即式(3.1)中的 P_w。此时，验潮仪需以空心线将传感器与海面大气相连通，将瞬时海面气压传输到传感器，作为压强测量的基准。该种验潮仪为有缆式压力验潮仪，如图 3.3 中的验潮仪，需以水密多芯电缆与水上接收机相连接，多芯电缆中包括供电电缆、数据传输电缆与空心气管等，必须保持空心气管中空气的自由流通。

2. 绝压式传感器

绝压是指相对真空的压强值，传感器测量的是传感器上大气压与水体产生的压强值之和，设为 P，若设瞬时海面大气压为 P_0，则

$$P_W = P - P_0 \tag{3.2}$$

采用绝压式传感器的验潮仪不需气管与海面大气相连通，可制作成内置电池与存储的自容式压力验潮仪。但需利用另一台绝压式压力验潮仪或气压计测量海面的气压变化，与水下验潮仪的间隔一般在 100km 以内即可。在水位数据后处理时，对水下验潮仪的观测数据按式(3.2)进行气压改正。

有缆式压力验潮仪的优点是可实时接收与查看数据，长时间连续观测；缺点是因电缆限制而多用于岸边，气管必须保持顺畅与水密。自容式压力验潮仪的优点是十分轻便、布设自由、隐蔽性强；缺点是需同步测量气压并实施气压改正、无法监视实时状况，若测量期间丢失或出现故障，则丢失全部数据或缺测部分时段数据。部分用于长距离验潮的有缆式压力验潮仪，因难以保持长距离的气管顺畅而采用绝压式传感器，此时也需气压改正。

自容式压力验潮仪或有缆式压力验潮站的传感器必须固定安装于水下，且保证在可能出现的最低潮时也能离海面一定距离(如图 3.3 中的 0.5m)。在离岸海底安装压力验潮仪时，需考虑：一是仪器的稳定性，验潮仪加装于配重底座上，海流、海水冲刷等可能引起底座的移动、倾斜或沉降等；二是仪器的安全性，安装浮标警示设施，减小拖网渔船等破坏的可能性。

在式(3.1)中，海水密度 ρ 一般采用经验或水密度测量结果，取为一常量。在河口等水密度变化较大的区域，应进行一定频次的水密度观测，在涨落潮期间还应增加观测次数。在数据后处理阶段，ρ 视为随时间的变量，依水密度观测结果实施水密度改正。

3.1.2.3　声学水位计

声学水位计是由固定于海面上的探头向海面发射声波，测量海面与探头间的距离变化，即为海面的升降变化。图 3.5 为某型声学水位计的安装示意图：套管竖直固定于码头壁，套管起削弱波浪影响的作用，应保证其底部一直在水面以下；声学水位计竖直固定安装于套管上部中央，应保证探头与水面的距离一直大于水位计的最小探测距离(如图 3.5 中的 0.5m)。

因声速与温度、湿度等相关，故声学水位计需进行声速改正。

3.1.2.4　雷达水位计

雷达水位计(如图 3.6 所示)是由固定于海面上的探头，向海面发射电磁波，测量海面与探头间的距离变化，即为海面的升降变化。相比于声学水位计，电磁波的测距精度更高，且受气压、温度与湿度的影响更小。

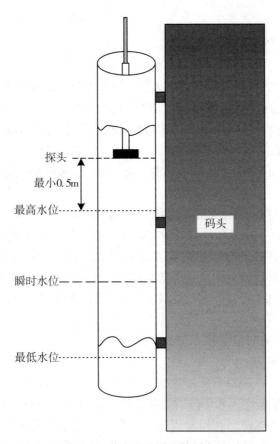

图 3.5　声学水位计安装示意

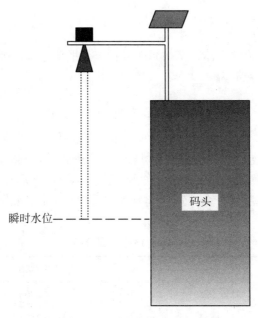

图 3.6　雷达水位计示意

§3.2　水位的组成

验潮站利用水尺或验潮仪观测海面(水位)的垂直变化。水尺与验潮仪都有其自身的零点,测量记录水位在该零点上的高度,该零点称为水位零点,习惯上也称为水尺零点。观测数据最终都可转换为观测时刻、该时刻水位在水位零点上高度的形式,若以 $h(t)$ 表示时刻 t 的水位观测值,则按激发机制可分解为以下四个部分:

(1)平均海面在水位零点上的高度 MSL(mean sea level,MSL),平均海面可看作各种波动和振动的平衡面。

(2)引潮力的激发以及在海底地形和海岸形状等因素制约下引起的海面升降,通常称为天文潮位或潮位。以平均海面作为各分潮波动的起算面,天文潮位表示为 $T(t)_{\mathrm{MSL}}$。

(3)气压、风等气候、气象作用引起的水位变化,其中的周期性部分以气象分潮(如年周期分潮 S_a 与半年周期分潮 S_{sa})形式归入天文潮位,而剩余的短期非周期性部分,称为余水位(residual water level,sea level residuals),其激励机制主要是短期气象变化。以 $R(t)$ 表示余水位。

(4)水尺或验潮仪的测量误差,表示为 $\Delta(t)$。

综上,水位 $h(t)$ 可表达为:

$$h(t) = \mathrm{MSL} + T(t)_{\mathrm{MSL}} + R(t) + \Delta(t) \tag{3.3}$$

以平均海面作为平衡面,水位随时间的升降变化与天文潮位的变化基本一致,或者说水位变化的主体是天文潮位。在正常天气下,余水位的量值在 ±40cm 内,而在台风等特殊天气情况下,余水位的量值能达到米级。经必要的水位数据预处理(见 5.1 节),测量误差可认为呈偶然性。

3.2.1　天文潮位的表示

天文潮位是水位变化的主体,平均海面可看作其平衡位置,则时刻 t 从平均海面起算的天文潮位 $T(t)_{\mathrm{MSL}}$ 可表示为

$$T(t)_{\mathrm{MSL}} = \sum_{i=1}^{m} H_i \cos\left[V_i(t) - g_i\right] \tag{3.4}$$

式中,m 为分潮的个数;H、g 为分潮的调和常数;$V(t)$ 为分潮在时刻 t 的天文相角。

理论上,式(3.4)应包含所有分潮的贡献,如杜德逊展开的 386 个分潮。但因分潮振幅间的差异很大,只有部分振幅较大的分潮才有实际意义,称为主要分潮。其中最常用的主要分潮有 13 个:2 个长周期分潮、4 个全日分潮、4 个半日分潮与 3 个浅水分潮,列于表 3.1。

表 3.1　　　　　　　　　　　　　常用的 13 个主要分潮

类型	分潮	杜德逊编码	μ_0	角速率(°/h)	周期(h)
长周期	S_a	056.555	0	0.041068	8765.949
	S_{sa}	057.555	0	0.082137	4382.921

类型	分潮	杜德逊编码	μ_0	角速率(°/h)	周期(h)
全日	Q_1	135.655	−1	13.398661	26.868
	O_1	145.555	−1	13.943036	25.819
	P_1	163.555	−1	14.958931	24.066
	K_1	165.555	1	15.041069	23.934
半日	N_2	245.655	0	28.439730	12.658
	M_2	255.555	0	28.984104	12.421
	S_2	273.555	0	30.000000	12.000
	K_2	275.555	0	30.082137	11.967
浅水	M_4	455.555	0	57.968208	6.210
	MS_4	473.555	0	58.984104	6.103
	M_6	655.555	0	86.952312	4.140

通常可认为，表 3.1 中的 13 个主要分潮已构成了天文潮位的主体，基本可代表天文潮位。13 个主要分潮的振幅具有如下的规律：①在 2 个长周期分潮中，S_a 在中国近海从南至北逐渐增大，振幅 10~30cm；S_{sa} 较小，振幅在 5cm 内；②在 4 个全日分潮中，K_1 最大，O_1 略大于 K_1 的 2/3，P_1 略小于 K_1 的 1/3，Q_1 约为 K_1 的 2/15；③在 4 个半日分潮中，M_2 最大，S_2 略小于 M_2 的一半，N_2 略小于 M_2 的 1/5，K_2 略大于 M_2 的 1/10。④浅水分潮的振幅只在沿岸浅水区与河口才能达到有实际意义的量值。

分潮的调和常数与地点有关，传统上是通过长时间水位观测，由潮汐分析获取其精确量值。当调和常数已知时，由式(3.4)可计算任意时刻的天文潮位，即为潮汐预报。图 3.7 为某站从平均海面起算的水位与天文潮位，单位为米。

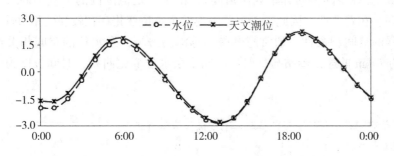

图 3.7 水位与天文潮位变化曲线

由图 3.7 可看出，水位变化的主体是天文潮位，两者的变化基本一致。

3.2.2 余水位的定义及其时空特征

3.2.2.1 余水位的定义

余水位，也称为异常水位或增减水，是气压、风等气象作用引起的短期非周期性水位

变化。由式(3.3),余水位 $R(t)$ 按下式计算

$$R(t) = h(t) - \text{MSL} - T(t)_{\text{MSL}} - \Delta(t) \tag{3.5}$$

式中,$h(t)$ 为从水位零点起算的观测水位;MSL 为平均海面在水位零点上的高度,当观测时间长度足够长时,取所有观测水位的算术平均值;$T(t)_{\text{MSL}}$ 为从平均海面起算的天文潮位,由主要分潮的调和常数按式(3.4)计算;$\Delta(t)$ 为测量误差。

在式(3.5)中,测量误差 $\Delta(t)$ 难以确定,考虑到目前的验潮仪器与观测手段,并对水位数据实施必要的处理后,测量误差可认为呈偶然性,且量值相对于余水位可忽略不计。因此,余水位取为水位变化与天文潮位变化的差异部分,即

$$R(t) = h(t) - \text{MSL} - T(t)_{\text{MSL}} \tag{3.6}$$

由上式计算的余水位 $R(t)$ 包含了观测误差 $\Delta(t)$。因天文潮位 $T(t)_{\text{MSL}}$ 通常仅由主要分潮计算,未包含所有分潮,故式(3.6)计算的余水位 $R(t)$ 还包含了未顾及的小分潮作用。综合而言,实际计算获得的余水位由三部分组成:

(1)气象作用引起的短期非周期性水位变化;

(2)预报天文潮位时未顾及的小分潮作用,或者称为天文潮位推算误差;

(3)测量误差。

因此,由式(3.6)计算的余水位在严格意义上是粗略余水位(唐岩,2007),优势在于求解简便,直接由实测水位减去预报的天文潮位即可得到。主体仍是气象因素引起的短时水位变化。

3.2.2.2 余水位的时空特征

在时间域上(在时间上的变化规律角度),由于天气变化的随机性,余水位在相对较长的时间尺度内表现为很强的偶然性;然而,天气因素在数小时的较短时间尺度内,又存在一定的连续性。因此,余水位在时间域上的统计规律性决定于气象因素变化的连续性和海洋水体的惯性。

在空间域上(在空间上的分布规律角度),由于一定范围内的天气相同或相似,以及海洋水体运动存在着惯性,因此,一定范围内的余水位变化存在较强的相似性,或者称余水位具有较强的空间相关性。通常越开阔、越深的海域,余水位的空间相关性越强。图3.8 为相距约 70km 的连云港站与日照站的同步余水位变化曲线,时间长度为 7 天,单位为米。

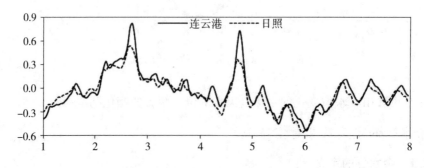

图 3.8 两站余水位的同步变化曲线

由图 3.8 可看出，余水位随时间的变化呈现短时随机性，两站的余水位变化基本一致，呈现较强的空间相关性。

§3.3 调和分析最小二乘法的基本原理

通过对引潮力(势)的展开，获得了潮汐的频谱结构，每个频率点对应于一个分潮，同时也获得了分潮相角的计算公式。与该理论推导相比，实际的海洋潮汐在频谱结构上保持一致，但受到陆地与海岸地形、海底摩擦、海水惯性等各种因素的影响，分潮的振幅都显著比理论大，而相角存在着延迟，即迟角。因此，需观测水位变化，由水位数据通过潮汐分析获得分潮的调和常数(振幅与迟角)。目前最常用的潮汐分析方法是基于最小二乘原理的调和分析法，或者称为调和分析最小二乘法。

3.3.1 基本原理

如式(3.3)所示，水位 $h(t)$ 可分解为四个部分。其中，从平均海面起算的天文潮位 $T(t)_{MSL}$ 表达为式(3.4)，将式(3.4)代入式(3.3)得

$$h(t) = \text{MSL} + \sum_{i=1}^{m} H_i \cos[V_i(t) - g_i] + R(t) + \Delta(t) \qquad (3.7)$$

调和分析的目标是由式(3.7)计算 MSL 与各分潮的调和常数 H_i、g_i，若将水位变化视为信号，则调和分析由水位变化信号中提取出：①分潮的调和常数 H_i、g_i，可视为周期已知的波动的振幅与相位延迟；②平均海面在水位零点上的高度 MSL，可视为波动的系统偏差。而式(3.7)中的余水位 $R(t)$ 和测量误差 $\Delta(t)$ 对于调和分析而言被视为扰动噪声，因此，调和分析的观测方程为

$$h(t) = \text{MSL} + \sum_{i=1}^{m} H_i \cos[V_i(t) - g_i] \qquad (3.8)$$

上式也可称为调和分析的潮高模型。式(3.8)是 H_i、g_i 的非线性方程，需实施线性化。将式(3.8)中的余弦部分展开，得

$$h(t) = \text{MSL} + \sum_{i=1}^{m} \left[\cos V_i(t) \cdot H_i \cos g_i + \sin V_i(t) \cdot H_i \sin g_i \right] \qquad (3.9)$$

令

$$\begin{aligned} H_i^C &= H_i \cos g_i \\ H_i^S &= H_i \sin g_i \end{aligned} \qquad (3.10)$$

上式中的 H_i^C、H_i^S 分别称为分潮的余弦分量和正弦分量。将上式代入式(3.9)，得

$$h(t) = \text{MSL} + \sum_{i=1}^{m} \cos V_i(t) \cdot H_i^C + \sin V_i(t) \cdot H_i^S \qquad (3.11)$$

上式是 H_i^C、H_i^S 的线性方程。按上式构建每个观测时刻水位的观测方程，按最小二乘原理中的间接平差法求解出 MSL 与各分潮的 H_i^C、H_i^S，再按式(3.12)将 H_i^C、H_i^S 转换为调和常数 H_i、g_i：

$$H_i = \sqrt{\left[\left(H_i^c\right)^2 + \left(H_i^s\right)^2\right]}$$

$$g_i = \arctan \frac{H_i^s}{H_i^c} \tag{3.12}$$

以上是调和分析最小二乘法的基本原理。最小二乘法是在实测数据与潮高模型之间直接进行最小二乘拟合逼近，从估计的角度求得调和常数。最小二乘法适用于非等间隔观测、短时缺测等情况，因此最小二乘法已成为现代潮汐调和分析的标准方法。

3.3.2　时间系统

潮汐分析所用的水位数据形式为观测时刻 t 及该时刻水位在水位零点上的高度 $h(t)$，在不注明的情况下，采用的时间系统一般都是所属国家或地区的区时系统，在我国是指北京时（东 8 区）。而计算六个基本天文参数的式(2.22)是采用世界时系统，在 2.4.2.5 节所示的算例中，需先将北京时转化为对应的世界时。

假设某地采用东 N 时区时间系统，对应区时 t_Z 与世界时 t_U 的关系为：

$$t_Z = t_U + N \tag{3.13}$$

若分别以 t_U 与 t_Z 代入式(2.22)中计算基本天文参数，进而按式(2.19)计算分潮的天文相角，分别记为 V_U 与 V_Z。由式(3.13)与式(2.21)可得：

$$V_Z = V_U + N\sigma \tag{3.14}$$

由式(2.27)知，世界时迟角 G 与区时迟角 g 的关系为

$$g = G + N\sigma \tag{3.15}$$

式(3.14)与式(3.15)两侧相减，得

$$V_Z - g = V_U - G \tag{3.16}$$

上式表明，若采用某一时间系统，不转换至世界时系统而直接由式(2.22)计算基本天文参数，进而按式(2.19)计算分潮的天文相角，再由式(3.11)构建观测方程，求解出的迟角是基于所选择的时间系统。如在我国，水位观测采用北京时（东 8 区），不实施时区转换而直接按式(2.22)与式(2.19)计算天文相角，则调和分析求解的分潮迟角为北京时（东 8 区）的迟角。

§3.4　分潮选取与观测时间间隔及时间长度的关系

对于每个观测水位，按式(3.11)构建观测方程，组成观测方程组，由最小二乘原理中的间接平差法求解出平均海面与各分潮的调和常数。从方程与未知参数的数目来看，未知参数的个数为 $2m + 1$，似乎意味着不少于 $2m + 1$ 个观测就可以求解出各未知参数，但实际上 $2m + 1$ 个观测水位远不能可靠求解出未知参数。式(3.11)中可选取的分潮与水位观测的时间间隔、时间长度等有关，海洋潮汐理论是从滤波观点给出其中的关系：将水位变化视为信号，潮汐分析计算分潮调和常数的过程可视为从信号中提取出对应频率的振动。

3.4.1　观测时间间隔的要求

水位观测通常是以等时间间隔(如 5 分钟、10 分钟、1 小时等)观测记录海面的垂直位置。从滤波角度,为分离出某频率的振动,至少在其一个变化周期内采样两次。若设采样的时间间隔为 Δt,则可选取的分潮周期应长于 $2\Delta t$。或者说,可选取分潮的最高频率为 $\dfrac{1}{2\Delta t}$,称为奈奎斯特(Nyquist)频率、截止频率。在水位观测中,观测时间间隔通常采用 1 小时,甚至 5 分钟或 10 分钟,对实际意义的分潮而言采样已足够密集,因此,通常情况下可不考虑时间间隔对分潮选取的影响。

部分特殊的水位观测技术,以执行精密重复轨道的卫星测高技术为例,间隔数天或数十天对同一地点的海面实施重复观测,即观测时间间隔为数天或数十天,此时周期短于 $2\Delta t$(频率高于截止频率)的分潮将产生频率折叠现象,也称为混叠现象,短周期分潮将混叠为周期长的虚像。如图 3.9 所示,原像为短周期的振动,□为等时间间隔的采样,混叠产生了长周期的虚像。

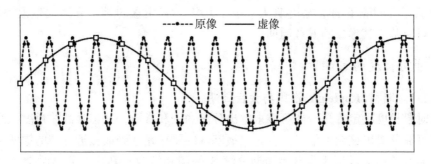

图 3.9　混叠现象示意图

设某个分潮,其周期 $T < 2\Delta t$,对应角速率为 σ,则在连续两次采样的时间间隔 Δt 内,其相角变化量可表示为

$$\sigma \cdot \Delta t = n \times 360° + \Delta\varphi \tag{3.17}$$

式中,n 为整数,表示相角变化的整周数;$\Delta\varphi$ 为相角变化不足整周的部分。

参考分潮的潮高表示形式,易知

$$\cos(\sigma \cdot \Delta t) = \cos(\Delta\varphi) \tag{3.18}$$

令

$$\sigma' = \frac{\Delta\varphi}{\Delta t} \tag{3.19}$$

将式(3.19)代入式(3.18),得

$$\cos(\sigma \cdot \Delta t) = \cos(\sigma' \cdot \Delta t) \tag{3.20}$$

式(3.20)意味着,在此采样间隔下,角速率 σ 和角速率 σ' 是等价的。后者为前者的混叠信号或虚像。虚像的周期 T' 为

$$T' = \frac{360°}{\sigma'} = 360° \cdot \frac{\Delta t}{\Delta \varphi} \tag{3.21}$$

显然，虚像的周期 T' 必然大于 2 倍的采样间隔，即 $T' > 2\Delta t$。如 TOPEX/Poseidon（简称 T/P）卫星与 Geosat/ERM 卫星的采样间隔分别为 9.9156 天与 17.05049 天，作为潮位变化主体的全日分潮和半日分潮等都产生混叠现象，主要分潮的混叠周期列于表 3.2，表中周期的单位为天。

表 3.2　卫星采样下的主要分潮混叠周期

卫星	S_a	S_{sa}	Q_1	O_1	P_1	K_1	N_2	M_2	S_2	K_2
T/P	365.3	182.6	69.4	45.7	88.9	173.2	49.5	62.1	58.7	86.6
Geosat/ERM	365.3	182.6	74.1	112.9	4478	175.5	52.1	317.0	168.9	87.7

由表 3.2 可知，S_a 与 S_{sa} 的周期都长于 2 倍的采样间隔而未产生混叠，而全日分潮与半日分潮都产生了混叠，混叠周期达到了数十天，甚至于 P_1 分潮在 Geosat/ERM 卫星 17.05049 天采样间隔下的混叠周期达到了十几年。需注意的是，分潮发生混叠现象时，相关的分析应基于其虚像的混叠周期。

3.4.2　时间长度的影响

3.4.2.1　瑞利（Rayleigh）准则与会合周期

观测时段长度决定着是否能可靠求解出分潮的调和常数，从信号滤波角度而言，决定着是否能可靠分离出该频率信号。首先，最基本的要求是达到或接近分潮的周期，如数天或数十天的时长不能可靠计算出年周期分潮 S_a 的调和常数。其次，分离两个分潮所需的时间长度由瑞利准则决定：设某两分潮的角速率分别为 σ_1 与 σ_2，则两个分潮的相位之差达到 360°的时间长度，定义为这两个分潮的会合周期 T_R，即

$$T_R = \frac{360°}{|\sigma_1 - \sigma_2|} \tag{3.22}$$

会合周期也称为瑞利周期，观测时段的长度要大于所选分潮中任何两个分潮的会合周期，或略小于最长的会合周期（如 0.8 倍）。由式（3.22）易知，两个分潮的角速率越接近，会合周期越长。

由表 3.1 中所列 13 个主要分潮的角速率，代入式（3.22）可计算出其中任两个分潮的会合周期，列于表 3.3，单位为平太阳日。

表 3.3　主要分潮间的会合周期

分潮	S_{sa}	Q_1	O_1	P_1	K_1	N_2	M_2	S_2	K_2	M_4	MS_4	M_6
S_a	365.2	1.1	1.1	1.0	1.0	0.5	0.5	0.5	0.5	0.3	0.3	0.2
S_{sa}		1.1	1.1	1.0	1.0	0.5	0.5	0.5	0.5	0.3	0.3	0.2

续表

分潮	S_{sa}	Q_1	O_1	P_1	K_1	N_2	M_2	S_2	K_2	M_4	MS_4	M_6
Q_1			27.6	9.6	9.1	1.0	1.0	0.9	0.9	0.3	0.3	0.2
O_1				14.8	13.7	1.0	1.0	0.9	0.9	0.3	0.3	0.2
P_1					182.6	1.1	1.1	1.0	1.0	0.3	0.3	0.2
K_1						1.1	1.1	1.0	1.0	0.3	0.3	0.2
N_2							27.6	9.6	6.1	0.5	0.5	0.3
M_2								14.8	13.7	0.5	0.5	0.3
S_2									182.6	0.5	0.5	0.3
K_2										0.5	0.5	0.3
M_4											14.8	0.5
MS_4												0.5

13 个主要分潮分属于长周期分潮族(S_a、S_{sa})、日周期分潮族(Q_1、O_1、P_1、K_1)、半日周期分潮族(N_2、M_2、S_2、K_2)、$\frac{1}{4}$ 日周期分潮族(M_4、MS_4)与 $\frac{1}{6}$ 日周期分潮族(M_6)，由表3.3可看出：

(1)不同潮族分潮间因周期相差较大而会合周期较短，最长约1.1天。

(2)年周期分潮 S_a 与半年周期分潮 S_{sa} 的会合周期为365.2天，与 S_a 的周期相近，因提取分潮调和常数的基本要求是观测时长达到其周期，当时长达到 S_a 分潮周期时相应也达到了 S_a 与 S_{sa} 间的会合周期。

(3)全日分潮之间或半日分潮之间的会合周期分别为14.8天、27.6天与182.6天，意味着需约半年的观测水位数据才能可靠分离各分潮。

需注意的是，若观测时段的长度明显短于所选分潮中某两分潮的会合周期，则不能可靠地求取出这两分潮的调和常数，即使只选择其中一个分潮，该分潮也不能可靠估计。以会合周期为182.6天的 P_1 与 K_1 为例，当观测时长为30天时，若在调和分析的潮高模型中只选取 K_1 分潮而未选取 P_1 分潮，则潮汐分析得到的 K_1 分潮的调和常数也是不准确的，是无法分离 K_1 与 P_1 的综合结果的。

3.4.2.2 会合周期的概算

分潮是按族、群、亚群等分别集中排列的，分潮间的角速率差异按同族、同群、同亚群的顺序在减小，由会合周期的定义易知，会合周期按此顺序在增大。现给出按族、群、亚群估计会合周期近似值的方法。

分潮的角速率由式(2.20)计算，则两个分潮的角速率差 $\Delta\sigma$ 可表示为

$$\Delta\sigma = \Delta\mu_1\dot{\tau} + \Delta\mu_2\dot{s} + \Delta\mu_3\dot{h} + \Delta\mu_4\dot{p} + \Delta\mu_5\dot{N'} + \Delta\mu_6\dot{p'} \qquad (3.23)$$

式中，$\Delta\mu_1$，$\Delta\mu_2$，…，$\Delta\mu_6$ 为两个分潮杜德逊数的差异。

将上式代入式(3.22)，得这两个分潮的会合周期 T_R 为

$$T_R = \frac{360°}{|\Delta\mu_1\dot{\tau} + \Delta\mu_2\dot{s} + \Delta\mu_3\dot{h} + \Delta\mu_4\dot{p} + \Delta\mu_5\dot{N'} + \Delta\mu_6\dot{p'}|} \tag{3.24}$$

考虑到六个天文参数之间角速率差异大的特点，会合周期 T_R 的量值主要取决于 $\Delta\mu_1$，$\Delta\mu_2$，$\cdots$，$\Delta\mu_6$ 中第一个非零数对应的天文参数的周期。由表 2.1 中所列的六个基本天文参数周期易推出如下结论：

(1)不同潮族。

两个分潮属于不同潮族时，$\Delta\mu_1 \neq 0$，则会合周期 T_R 近似为

$$T_R \approx \frac{360°}{|\Delta\mu_1\dot{\tau}|} = \frac{T_\tau}{|\Delta\mu_1|} \tag{3.25}$$

式中，T_τ 为 τ 的周期，为一平太阴日(24 小时 50 分钟)。因此，不同潮族分潮间的会合周期是以平太阴日为单位，且最长约为一个平太阴日。

(2)同潮族，但不同群。

两个分潮属于同一潮族，但不同群时，$\Delta\mu_1 = 0$ 且 $\Delta\mu_2 \neq 0$，则会合周期 T_R 近似为

$$T_R \approx \frac{360°}{|\Delta\mu_2\dot{S}|} = \frac{T_S}{|\Delta\mu_2|} \tag{3.26}$$

式中，T_S 为 S 的周期，为一回归月(27.321 582 平太阳日)。因此，同潮族但不同群分潮间的会合周期是以回归月为单位，且最长约为一个回归月。

(3)同群，但不同亚群。

两个分潮属于同一群，但不同亚群时，$\Delta\mu_1 = \Delta\mu_2 = 0$ 且 $\Delta\mu_3 \neq 0$，则会合周期 T_R 近似为

$$T_R \approx \frac{360°}{|\Delta\mu_3\dot{h}|} = \frac{T_h}{|\Delta\mu_3|} \tag{3.27}$$

式中，T_h 为 h 的周期，为一回归年(365.2422 平太阳日)。因此，同群但不同亚群分潮间的会合周期是以回归年为单位，且最长约为一个回归年。

(4)同一亚群。

两个分潮属于同一亚群时，$\Delta\mu_1 = \Delta\mu_2 = \Delta\mu_3 = 0$，若 $\Delta\mu_4 \neq 0$，则会合周期 T_R 近似为

$$T_R \approx \frac{360°}{|\Delta\mu_4\dot{p}|} = \frac{T_p}{|\Delta\mu_4|} \tag{3.28}$$

式中，T_p 为 p 的周期，为 8.847 年。因此，同一亚群分潮间的会合周期是以 8.847 年为单位，若 $\Delta\mu_4 = 0$，则易知会合周期将以 18.613 年为单位。在海洋潮汐学理论中，通常把 18.61 年视为一个潮汐周期，由 18.61 年时长的水位数据可分离提取全部分潮。

§3.5　长期调和分析

连续观测 18.61 年时长的验潮站相对较少，通常也十分难以获得如此长的实测水位

数据。在实践中，考虑到不同亚群之间的会合周期最长为 1 年，因此通常把 1 年及以上的水位数据称为长期观测资料，对应采用的是长期潮汐分析方法。1 年时长达到了 S_a 分潮的周期，也达到了 13 个主要分潮之间的会合周期，已能精确地求取出主要分潮的调和常数。

3.5.1 交点订正

对于所选择的主要分潮而言，一年时长可以将它们相互分离。对于未选择的较小分潮，虽无须求取这些分潮的调和常数，但当较小分潮与主要分潮的会合周期长于一年时，对主要分潮调和常数的求解将产生扰动作用。由前述会合周期的概算可知，由一天、一个月、一年的水位数据分别可以相应地分辨不同族、不同群、不同亚群的分潮。一年时长不足以分辨同一亚群内的分潮，或者说，不能分离主要分潮和与其同一亚群内的小分潮。一年时长求解的主要分潮实际是该主要分潮所在亚群内所有分潮的综合结果。于是，为了尽量精确地分析出所需的主要分潮，将同一亚群内的分潮（角速率差别在 $\dot{p}$、$\dot{N}'$ 和 $\dot{p}'$ 量级上）进行合并，以亚群内最大分潮（即为主要分潮）的潮位表达为基础，分别在振幅和迟角上附加乘系数和改正量，以体现同一亚群内小分潮的贡献以及对最大分潮的扰动作用。振幅上的乘系数称为交点因子，记为 f；迟角上的改正量称为交点订正角，记为 u。此时，调和分析的潮高模型式（3.8）相应修改为

$$h(t) = \text{MSL} + \sum_{i=1}^{m} f_i H_i \cos\left[V_i(t) + u_i - g_i \right] \tag{3.29}$$

式中，f、u 为各主要分潮的交点因子与交点订正角，代表了主要分潮所在亚群中小分潮的扰动作用，或者说，将亚群内所有分潮的作用通过 f、u 合并至主要分潮上。f、u 随时间缓慢变化，f 在 1 上下变化，u 在 0° 上下变化。

以交点因子与交点订正角体现与表达同亚群小分潮扰动作用的订正方式称为交点订正，关键是计算各主要分潮在时刻 t 的交点因子 f 与交点订正角 u。

3.5.1.1 理论严密计算方法

假设某个亚群内共存在 N 个分潮，则它们在时刻 t 的潮位之和（从平均海面起算）为

$$T(t) = \sum_{n=1}^{N} H_n \cos\left[V_n(t) - g_n \right] \tag{3.30}$$

式（2.19）为天文相角计算式，将该式代入上式，并顾及各分潮属于同一亚群，即前三个杜德逊数相同，得

$$T(t) = \sum_{n=1}^{N} H_n \cos\left[\mu_1 \tau + \mu_2 s + \mu_3 h + \mu_4^n p + \mu_5^n N' + \mu_6^n p' + \mu_0^n \frac{\pi}{2} - g_n \right] \tag{3.31}$$

式中，μ_1、μ_2、μ_3 为该亚群中前三个相同的杜德逊数；上标或下标 n 表示量值属于第 n 个分潮。

对于同属于该亚群的 N 个分潮，分潮间的角速率差异非常小，实际海洋对分潮的响应可认为是十分接近的，从两方面理解：一是平衡潮展开的分潮振幅都远小于实际，但可认为各分潮的振幅增大比例是一致的，即实际分潮振幅间的比例关系与平衡潮的分潮振幅间的比例关系保持一致；二是分潮相角相对于平衡潮的天文相角都存在延迟，但可认为海

洋对频率十分接近的分潮存在一致的影响，即分潮的迟角是一致的。因此，若该亚群 N 个分潮中第 K 个分潮最大，则各分潮的振幅与迟角可由第 K 个分潮的振幅与迟角表示为

$$\begin{cases} H_n = \rho^n H_K \\ g_n = g_K \end{cases} \tag{3.32}$$

式中，ρ^n 为第 n 个分潮与第 K 个分潮的引潮力系数 C 之比，代表了平衡潮展开的两个分潮的振幅之比，即

$$\rho^n = \frac{C^n}{C^K} \tag{3.33}$$

进一步，将第 n 个分潮的杜德逊数以第 K 个分潮的杜德逊数表示，考虑到前三个杜德逊数相同，仅表示其他四个为

$$\mu_i^n = \mu_i^K + \Delta \mu_i^n \quad (i = 4, 5, 6, 0) \tag{3.34}$$

将式(3.32)与式(3.34)代入式(3.31)，得

$$\begin{aligned} T(t) &= \sum_{n=1}^{N} \rho^n H_K \cos\left[\mu_1 \tau + \mu_2 s + \mu_3 h + \mu_4^K p + \mu_5^K N' + \mu_6^K p' + \mu_0^K \frac{\pi}{2} - g_K \right. \\ &\quad \left. + \Delta\mu_4^n p + \Delta\mu_5^n N' + \Delta\mu_6^n p' + \Delta\mu_0^n \frac{\pi}{2} \right] \\ &= H_K \sum_{n=1}^{N} \rho^n \cos\left[V_K(t) - g_K + \Delta\mu_4^n p + \Delta\mu_5^n N' + \Delta\mu_6^n p' + \Delta\mu_0^n \frac{\pi}{2} \right] \\ &= H_K \sum_{n=1}^{N} \rho^n \cos\left[V_K(t) - g_K \right] \cos\left[\Delta\mu_4^n p + \Delta\mu_5^n N' + \Delta\mu_6^n p' + \Delta\mu_0^n \frac{\pi}{2} \right] \\ &\quad - \rho^n \sin\left[V_K(t) - g_K \right] \sin\left[\Delta\mu_4^n p + \Delta\mu_5^n N' + \Delta\mu_6^n p' + \Delta\mu_0^n \frac{\pi}{2} \right] \end{aligned} \tag{3.35}$$

为了将该亚群中 N 个分潮的潮位合并表达为一个分潮的形式，即

$$T(t) = f H_K \cos\left[V_K(t) + u - g_K \right] \tag{3.36}$$

需令

$$\begin{cases} f\cos u = \sum_{n=1}^{N} \rho^n \cos\left[\Delta\mu_4^n p + \Delta\mu_5^n N' + \Delta\mu_6^n p' + \Delta\mu_0^n \frac{\pi}{2} \right] \\ f\sin u = \sum_{n=1}^{N} \rho^n \sin\left[\Delta\mu_4^n p + \Delta\mu_5^n N' + \Delta\mu_6^n p' + \Delta\mu_0^n \frac{\pi}{2} \right] \end{cases} \tag{3.37}$$

将式(3.37)代入式(3.35)，可将式(3.35)转换为式(3.36)。式(3.37)即为求解亚群中主要分潮交点因子 f 与交点订正角 u 的理论严密公式。

考虑到式(3.37)中上下两式的形式相似，可简化写为下式

$$f \frac{\cos}{\sin} u = \sum_{n=1}^{N} \rho^n \frac{\cos}{\sin} \left[\Delta\mu_4^n p + \Delta\mu_5^n N' + \Delta\mu_6^n p' + \Delta\mu_0^n \frac{\pi}{2} \right] \tag{3.38}$$

以 M_2 分潮为例，导出形如式(3.38)的 f、u 计算式。由附录 A 的附表 A.1 中提取 M_2 分潮所在亚群的信息，列于表 3.4(省去了前三个相同的杜德逊数：2, 0, 0)。该亚群共有 5 个分潮，其中第 3 个分潮为最大分潮，即 M_2 分潮。

表3.4 **M$_2$ 分潮所在的亚群合并**

n	μ_4	μ_5	μ_6	μ_0	C	$\rho^n = \dfrac{C^n}{C^3}$
1	0	−2	0	0	0.00047	0.0005
2	0	−1	0	2	0.03390	0.0373
3	0	0	0	0	0.90809	1
4	2	0	0	0	0.00053	0.0006
5	2	1	0	0	0.00018	0.0002

将表3.4中的相关量值代入式(3.38)，得

$$f^{\cos}_{\sin} u = 0.0005 {\cos \atop \sin}(-2N') + 0.0373 {\cos \atop \sin}\left(-N' + 2 \cdot \frac{\pi}{2}\right) + 1$$
$$+ 0.0006 {\cos \atop \sin}(2p) + 0.0002 {\cos \atop \sin}(2p + N') \qquad (3.39)$$

进一步化简为

$$f^{\cos}_{\sin} u = 0.0005 {\cos \atop \sin}(-2N') - 0.0373 {\cos \atop \sin}(-N') + 1$$
$$+ 0.0006 {\cos \atop \sin}(2p) + 0.0002 {\cos \atop \sin}(2p + N') \qquad (3.40)$$

3.5.1.2 实用近似计算方法

对于每个主要分潮，都可由所在亚群的分潮信息推导出形如式(3.38)的 f、u 计算式。在实际应用中，常使用近似计算方法：按理论严密计算方法推导出 M$_1$、M$_m$、M$_f$、O$_1$、P$_1$、K$_1$、J$_1$、OO$_1$、M$_2$、L$_2$、K$_2$ 等11个分潮的如式(3.38)所示的计算式，而其他分潮的 f、u 由11个分潮的 f、u 推算出来，推算关系是基于引潮力展开理论推导得出的，误差很小。该11个分潮称为计算 f、u 的基本分潮。

11个基本分潮中，M$_1$ 分潮的 f、u 计算相对特殊，达尔文为了分析方便，未以亚群中最大分潮为准进行合并，实际是错误地使用了各分潮的振幅相对大小关系。达尔文给出的计算公式为

$$f^{\cos}_{\sin} u = -0.008 {\cos \atop \sin}(-p - 2N') + 0.094 {\cos \atop \sin}(-p - N') + 1.418 {\cos \atop \sin}(p)$$
$$+ 0.510 {\cos \atop \sin}(-p) - 0.041 {\cos \atop \sin}(p - N') + 0.284 {\cos \atop \sin}(p + N') \qquad (3.41)$$
$$- 0.008 {\cos \atop \sin}(p + 2N')$$

由式(3.41)计算所得的 f 不在1上下变化，而是在1.5上下变化；u 不在0°上下变化，而是当 p 变化360°时，u 也随着变化360°。达尔文对 M$_1$ 分潮的这种处理尽管存在一些缺陷，但对潮汐分析与预报的准确度并未造成影响，而如果重新导出 f、u 的计算式又会带

来混乱，故式(3.41)一直被沿用下来。但应当注意的是，一般长期分析所得的各分潮振幅就是该分潮所在亚群最大分潮的振幅，唯独 M_1 亚群最大分潮的振幅是计算所得 M_1 分潮振幅的约 1.42 倍。(方国洪，等，1986)

除 M_1 分潮外，其他 10 个基本分潮的 f、u 的计算式列于表 3.5，表中前两列为相对主要分潮的杜德逊数差异 $\Delta\mu_4$ 与 $\Delta\mu_5$，后续每列对应于一个基本分潮的计算式。

表 3.5   **基本分潮的交点订正计算式**

$\Delta\mu_4$	$\Delta\mu_5$	M_m	M_f	O_1	P_1	K_1	J_1	OO_1	M_2	L_2	K_2
-2	-1		-0.0023			0.0002		-0.0037			
-2	0		0.0432					0.1496			
-2	1		-0.0028					0.0296			
0	-2	0.0008		-0.0058	0.0008	0.0001			0.0005		
0	-1	-0.0657		0.1885	-0.0112	-0.0198	-0.0294		-0.0373	-0.0366	-0.0128
0	0	1	1	1	1	1	1	1	1	1	1
0	1	-0.0649	0.4143			0.1356	0.1980	0.6398			0.2980
0	2		0.0387			-0.0029	-0.0047	0.1342			0.0324
0	3		-0.0008					0.0086			
2	-1		0.0002							0.0047	
2	0	-0.0534		-0.0064	-0.0015		-0.0152		0.0006	-0.2505	
2	1	-0.0218		-0.0010	-0.0003		-0.0098		0.0002	-0.1102	
2	2	-0.0059					-0.0057			-0.0156	

以 M_m 为例，表 3.5 中 M_m 所在列为其 f、u 的计算式，写成如式(3.38)的计算式

$$f\genfrac{}{}{0pt}{}{\cos}{\sin}u = 0.008\genfrac{}{}{0pt}{}{\cos}{\sin}(-2N') - 0.0657\genfrac{}{}{0pt}{}{\cos}{\sin}(-N') + 1 - 0.0649\genfrac{}{}{0pt}{}{\cos}{\sin}(N')$$

$$- 0.0534\genfrac{}{}{0pt}{}{\cos}{\sin}(2p) - 0.0218\genfrac{}{}{0pt}{}{\cos}{\sin}(2p+N') - 0.0059\genfrac{}{}{0pt}{}{\cos}{\sin}(2p+2N') \tag{3.42}$$

类似地，可由表 3.5 列出其他 9 个基本分潮的如式(3.38)的 f、u 计算式。

其他主要分潮的 f、u 采用 11 个基本分潮的 f、u 进行计算，表 3.6 为常用的 13 个主要分潮的 f、u 信息。

表 3.6   **常用的 13 个主要分潮信息**

分潮	杜德逊编码	μ_0	f	u
S_a	056.555	0	1	0
S_{sa}	057.555	0	1	0

续表

分潮	杜德逊编码	μ_0	f	u
Q_1	135.655	-1	O_1	O_1
O_1	145.555	-1	O_1	O_1
P_1	163.555	-1	P_1	P_1
K_1	165.555	1	K_1	K_1
N_2	245.655	0	M_2	M_2
M_2	255.555	0	M_2	M_2
S_2	273.555	0	1	0
K_2	275.555	0	K_2	K_2
M_4	455.555	0	$(M_2)^2$	$2M_2$
MS_4	473.555	0	M_2	M_2
M_6	655.555	0	$(M_2)^3$	$3M_2$

以表 3.6 中的 M_4 分潮为例,其 f 为 M_2 的平方,而 u 为 M_2 的 2 倍。

3.5.2 计算步骤详解

前述基本天文参数与分潮相角的计算、调和分析最小二乘法的基本原理以及交点订正等原理与方法,结合最小二乘原理已可实现长期调和分析。这里给出基于间接平差原理的长期调和分析一般步骤,具有易于计算机编程实现、适用于任意时间间隔及数据间断等情况的优点。

1. 分潮的选择

表 3.6 中的 13 个主要分潮是最常用、最重要的分潮,在此基础上可增加分潮以获取更加丰富的潮汐信息,如方国洪等(1986)给出的 122 个主要分潮,信息列于附录 A 的附表 A.2。

2. 水位观测数据整理

不同水位观测方法以及不同观测仪器获得的数据存储形式并无统一的规定。对于潮汐分析而言,所需的水位观测信息是每个观测的时刻 t 和该时刻水位在水位零点上的高度 $h(t)$。因此,水位观测数据经各项必需的改正(如压力验潮仪观测数据的气压改正与水密度改正等),都可转换为时刻 t 和水位高度 $h(t)$ 序列的形式。需注意的是,水位高度的起算面必须是同一的水位零点。

3. 构建观测方程组

长期调和分析的潮高模型为式(3.29),是 H_i 与 g_i 的非线性方程,将式中的余弦部分展开,得

$$h(t) = \text{MSL} + \sum_{i=1}^{m} f_i \cos\left[V_i(t) + u_i\right] \cdot H_i \cos g_i + f_i \sin\left[V_i(t) + u_i\right] \cdot H_i \sin g_i \quad (3.43)$$

将式(3.10)定义的分潮的余弦分量 H_i^c 和正弦分量 H_i^s 代入上式，得

$$h(t) = \text{MSL} + \sum_{i=1}^{m} f_i \cos\left[V_i(t) + u_i\right] \cdot H_i^c + f_i \sin\left[V_i(t) + u_i\right] \cdot H_i^s \quad (3.44)$$

上式是 H_i^c、H_i^s 的线性方程，按该式构建每个观测时刻水位的观测方程。据间接平差的原理，观测方程组的矩阵形式为

$$L + V = B\hat{X} + d \quad (3.45)$$

式中，L 为水位观测值向量；V 为对应的误差向量；$\hat{X}$ 为未知参数向量；B 为系数矩阵；d 为常数向量，由式(3.44)知，$d = 0$。

若 n 个水位观测数据参与调和分析，则

$$L = \begin{bmatrix} h(t_1) & h(t_2) & \cdots & h(t_n) \end{bmatrix}^T \quad (3.46)$$

选取了 m 个分潮，未知参数的个数为 $2m + 1$，由式(3.44)可知未知参数向量为

$$\hat{X} = \begin{bmatrix} \text{MSL} & H_m^c & H_m^s & \cdots & H_m^c & H_m^s \end{bmatrix}^T \quad (3.47)$$

对于每个观测时刻，可列出一个观测方程，对应于系数矩阵 B 的一行，行向量为

$$\begin{bmatrix} 1 & f_1 \cos\left[V_1(t) + u_1\right] & f_1 \sin\left[V_1(t) + u_1\right] & \cdots & f_m \cos\left[V_m(t) + u_m\right] & f_m \sin\left[V_m(t) + u_m\right] \end{bmatrix}^T$$
$$(3.48)$$

n 个观测时刻的行向量组合成系数矩阵 B。以任意时刻 t 为例，式(3.48)中相关量的计算步骤如下：

(1)按式(2.22)计算六个基本天文参数在 t 时刻的量值。在我国通常采用北京时(东 8 时区)系统，利用式(2.22)时可不实施时区转换，直接以北京时(东 8 区)代入计算，则调和分析求解的分潮迟角为北京时(东 8 区)的迟角。

(2)由各分潮的杜德逊数，按式(2.19)计算各分潮在 t 时刻的天文相角 $V_i(t)$。

(3)由基本天文参数在 t 时刻的量值以及 11 个基本分潮的 f、u 计算式，计算 11 个基本分潮在 t 时刻的 f、u。进而按附录 A 中的附表 A.2 中主要分潮与 11 个基本分潮 f、u 的推算关系计算各分潮在 t 时刻的 f、u。

(4)将各量值代入式(3.48)，得观测时刻 t 对应的系数矩阵 B 的一个行向量。

(5)对 n 个观测时刻重复前面四步，得系数矩阵 B。

4. 组建法方程及求解

假设各观测互相独立，则观测值权阵可设为单位阵。按间接平差原理，法方程为

$$B^T B\hat{X} = B^T L \quad (3.49)$$

由上式解得

$$\hat{X} = (B^T B)^{-1} B^T L \quad (3.50)$$

由式(3.47)所示的参数顺序，从中提取各分潮的余弦分量 H_i^c 和正弦分量 H_i^s，由式(3.12)将 H_i^c、H_i^s 转换为分潮的调和常数 H_i、g_i。

§3.6 引入差比关系的中期调和分析

由于不同亚群之间的会合周期最长为1年，1年以上的水位数据能可靠地分离不同亚群，亚群内小分潮的影响通过交点订正的方式实施订正。1年及以上的长期调和分析可以精确获得主要分潮的调和常数。通常只有长期验潮站才连续观测1年以上，在海道测量工程实践中，布设的验潮站一般只验潮数天至数月。其中，1个月及以上的水位数据才能较可靠地获得主要分潮的调和常数。由于不同群之间的会合周期最长为1个月，因此通常把1个月及以上但不足1年的水位数据称为中期观测资料，对应采用的是中期潮汐分析方法。

3.6.1 中期调和分析的原理

当水位数据时长明显短于1年时，首先，年周期分潮 S_a 将无法可靠提取；其次，不能可靠分离部分同群而不同亚群的主要分潮，如 P_1 与 K_1、S_2 与 K_2 的会合周期都为182.6天，1个月的数据显然不能分离。若所选的主要分潮间存在无法分离的情况，则从平差角度而言，间接平差中的未知参数 $\hat{X}$ 相互不独立，法方程式(3.49)的系数矩阵将呈病态。此时，需在无法分离的分潮之间引入已知的关系，作为条件方程附加于观测方程，相应的平差方法由长期调和分析的间接平差调整为附有限制条件的间接平差。

对于同一群中无法分离的两个分潮，分别称为主分潮和随从分潮，假设两个分潮间存在确定的振幅比和迟角差，称为差比关系。通常将差比关系作为已知的关系引入平差求解过程中，因此称为引入差比关系的中期调和分析。

分别以 p，q 标识主分潮和随从分潮，则振幅比 k 和迟角差 φ 为

$$k = \frac{H_q}{H_p}$$
$$\varphi = g_q - g_p \tag{3.51}$$

式(3.44)为调和分析观测方程，是分潮余弦分量 H_i^c 和正弦分量 H_i^s 的线性方程，故需将差比关系转换为余弦分量与正弦分量的方程。由随从分潮的余弦分量 H_q^c 和正弦分量 H_q^s 的定义，并结合式(3.51)，可推导得

$$k\cos\varphi H_P^C - k\sin\varphi H_P^S - H_q^C = 0$$
$$k\sin\varphi H_P^C + k\cos\varphi H_P^S - H_q^S = 0 \tag{3.52}$$

每组无法分离的两个分潮间都需构建如式(3.52)的方程，作为调和分析观测方程的约束条件，基于附有限制条件的间接平差原理进行求解。

差比关系的依据与交点订正相似：实际海洋对同一群分潮的响应可认为是一致的，分潮与相应的平衡潮分潮之间有着相同的振幅比和相角差。据此，分潮间的振幅比可取为分潮的引潮力系数 C 之比，即

$$k = \frac{C_q}{C_p} \tag{3.53}$$

对于随从分潮与主分潮的迟角差，基于假设：在同一潮族中分潮的实际相角与其平衡潮相角之差随分潮的角速率而线性变化。可由下式确定

$$\varphi = \frac{\Delta g}{\Delta \sigma}(\sigma_q - \sigma_p) \tag{3.54}$$

式中，σ_p、σ_q 分别为主分潮与随从分潮的角速率；Δg、$\Delta \sigma$ 依潮族不同而取值为：

（1）对于日潮和三分日潮，Δg、$\Delta \sigma$ 分别取为 K_1 与 O_1 的迟角差与角速率差，即 $\Delta g = g_{K_1} - g_{O_1}$、$\Delta \sigma = \sigma_{K_1} - \sigma_{O_1}$，此时 $\dfrac{\Delta g}{\Delta \sigma}$ 为日潮龄。

（2）对于半日潮、四分日潮和六分日潮，Δg、$\Delta \sigma$ 分别取为 S_2 与 M_2 的迟角差与角速率差，即 $\Delta g = g_{S_2} - g_{M_2}$、$\Delta \sigma = \sigma_{S_2} - \sigma_{M_2}$，此时 $\dfrac{\Delta g}{\Delta \sigma}$ 为半日潮龄。

在我国近海，日潮龄与半日潮龄都约为 2 天（48 小时），结合 K_1、O_1、S_2 与 M_2 的角速率，推算出 Δg 近似可取为 50°。也可利用邻近长期验潮站的调和常数进行计算。

3.6.2　计算步骤详解

结合引入差比关系的中期调和分析的基本原理，这里给出基于附有限制条件的间接平差原理的中期调和分析一般步骤，易于计算机编程实现，可用于任意时间间隔及数据间断。

1. 分潮的选择

分潮的选择与长期调和分析不同，存在诸多的选择方案，如附录 A 的附表 A.3。

2. 水位观测数据整理

对水位观测数据实施必需的改正，由同一的水位零点起算，并转换为时刻 t 和水位高度 $h(t)$ 序列的形式。

3. 构建观测方程组

按式（3.44）构建每个观测时刻水位的观测方程，各参数的计算方法及步骤与长期调和分析一致。将观测方程组式（3.45）化为误差方程组

$$\boldsymbol{V} = \boldsymbol{B}\hat{\boldsymbol{X}} - \boldsymbol{L} \tag{3.55}$$

4. 构建条件方程组

在 1 个月至 1 年时长范围内，分潮间的可分辨情况不是固定的。如水位数据时长仅为 1 个月时，P_1 与 K_1、S_2 与 K_2 无法分离，而数据时长达到半年时，这两组分潮都可直接分离。因此，需按水位数据时长以及分潮间的会合周期判断无法分离的分潮。每组无法分离的两个分潮，按前述原理选取差比关系，进而构建如式（3.52）的两个条件方程。参照测量平差原理，条件方程组可表示为

$$\boldsymbol{C}\hat{\boldsymbol{X}} = 0 \tag{3.56}$$

式中，$\boldsymbol{C}$ 为系数矩阵。

5. 组建法方程及求解

按附有限制条件的间接平差原理，求解过程总结如下：按求条件极值的拉格朗日乘数

法，构造拉格朗日函数

$$\boldsymbol{\Phi} = \boldsymbol{V}^{\mathrm{T}}\boldsymbol{V} + 2\boldsymbol{K}_S^{\mathrm{T}}\boldsymbol{C}\hat{\boldsymbol{X}} \qquad (3.57)$$

式中，$\boldsymbol{K}_S$ 为联系数向量。

转化为求解方程组

$$\begin{cases} \dfrac{\partial \boldsymbol{\Phi}}{\partial \hat{\boldsymbol{X}}} = 0 \\ \boldsymbol{C}\hat{\boldsymbol{X}} = 0 \end{cases} \qquad (3.58)$$

将式(3.55)代入式(3.58)中的上式，整理得

$$\begin{cases} \boldsymbol{B}^{\mathrm{T}}\boldsymbol{B}\hat{\boldsymbol{X}} + \boldsymbol{C}^{\mathrm{T}}\boldsymbol{K}_S - \boldsymbol{B}^{\mathrm{T}}\boldsymbol{L} = 0 \\ \boldsymbol{C}\hat{\boldsymbol{X}} = 0 \end{cases} \qquad (3.59)$$

上式即为法方程组。将待求参数 $\hat{\boldsymbol{X}}$ 与 $\boldsymbol{K}_S$ 组合，将上式化为

$$\begin{pmatrix} \boldsymbol{B}^{\mathrm{T}}\boldsymbol{B} & \boldsymbol{C}^{\mathrm{T}} \\ \boldsymbol{C} & \boldsymbol{0} \end{pmatrix} \begin{pmatrix} \hat{\boldsymbol{X}} \\ \boldsymbol{K}_S \end{pmatrix} = \begin{pmatrix} \boldsymbol{B}^{\mathrm{T}}\boldsymbol{L} \\ \boldsymbol{0} \end{pmatrix} \qquad (3.60)$$

由上式求得

$$\begin{pmatrix} \hat{\boldsymbol{X}} \\ \boldsymbol{K}_S \end{pmatrix} = \begin{pmatrix} \boldsymbol{B}^{\mathrm{T}}\boldsymbol{B} & \boldsymbol{C}^{\mathrm{T}} \\ \boldsymbol{C} & \boldsymbol{0} \end{pmatrix}^{-1} \begin{pmatrix} \boldsymbol{B}^{\mathrm{T}}\boldsymbol{L} \\ \boldsymbol{0} \end{pmatrix} \qquad (3.61)$$

选取了 m 个分潮，未知参数组合中前 $2m+1$ 个为平均海面及 m 个分潮的余弦分量和正弦分量，参数顺序如式(3.47)所示，从中提取各分潮的余弦分量 H_i^c 和正弦分量 H_i^s，由式(3.12)将 H_i^c、H_i^s 转换为分潮的调和常数 H_i、g_i。

3.6.3 调和常数的差分订正

在中期调和分析中，部分分潮间通过引入差比关系才实现了分离，差比关系是基于平衡潮的理论关系或者与邻近长期站关系一致的假设，求解存在着误差。另外，实测水位数据中还包含着余水位，对潮汐分析而言，余水位是扰动。水位数据时长越短，需引入的差比关系越多、余水位的扰动影响越大，这意味着潮汐分析的精度越低。潮汐分析实践表明：不同时段中期水位数据求解的调和常数存在明显的变化。以相距约 70km 的石臼所站与连云港站为例，以 30 天分段实施引入差比关系的中期调和分析，统计中期分析结果相对 19 年分析结果的差异，图 3.10 至图 3.13 分别为 K_1 分潮与 M_2 分潮的振幅差异和迟角差异，单位分别为厘米和度。

由图 3.10 至图 3.13 可看出，相比于长期分析结果，30 天时长的分析结果存在明显的不稳定，分析精度较低。另一方面，这种不稳定在相邻的石臼所站与连云港站存在较强的相关性与近似一致性。经其他多站的统计，该规律普遍存在于中国沿岸。因此，孟昭旭等(2005)据此规律性提出利用差分原理由长期验潮站修正短期验潮站调和常数的方法，原理简述如下：某一短期站与其邻近长期站具有同步水位观测数据，对两站的同步时段水

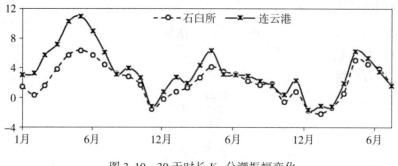

图 3.10　30 天时长 K_1 分潮振幅变化

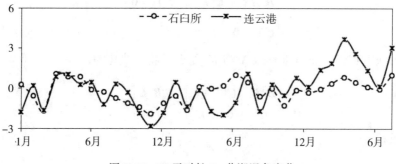

图 3.11　30 天时长 K_1 分潮迟角变化

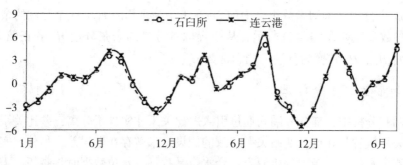

图 3.12　30 天时长 M_2 分潮振幅变化

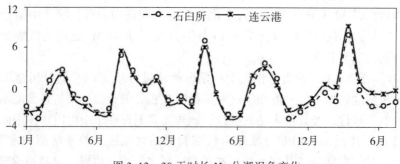

图 3.13　30 天时长 M_2 分潮迟角变化

位数据分别实施中期调和分析。若长期站存在着长期分析结果，则可计算长期站的中期调和分析结果相对于长期分析结果的差异，比较对象不是各分潮的振幅与迟角，而是正弦分量和余弦分量。假设该差异在两站相等，将该差异订正至短期站的中期调和分析结果。

设长期站与短期站分别为 A 站与 B 站，对于某一主分潮(其余分潮相同)，长期站 A 站的中期分析结果相对于长期分析结果的差异表示为

$$\Delta H_A^S = H_{AL}^S - H_{AS}^S$$
$$\Delta H_A^C = H_{AL}^C - H_{AS}^C \tag{3.62}$$

式中，H_{AL}^S、H_{AL}^C 为长期分析结果的正弦分量与余弦分量；H_{AS}^S、H_{AS}^C 为中期分析结果的正弦分量与余弦分量；ΔH_A^S、ΔH_A^C 为两者的差值。

短期站 B 站具有同样的表达式

$$\Delta H_B^S = H_{BL}^S - H_{BS}^S$$
$$\Delta H_B^C = H_{BL}^C - H_{BS}^C \tag{3.63}$$

假设两站的差异相等，即下式成立

$$\Delta H_A^S = \Delta H_B^S$$
$$\Delta H_A^C = \Delta H_B^C \tag{3.64}$$

因此，B 站经 A 站差分订正后的正弦分量与余弦分量为

$$H_{BL}^S = H_{BS}^S + \Delta H_A^S$$
$$H_{BL}^C = H_{BS}^C + \Delta H_A^C \tag{3.65}$$

由式(3.12)将订正后的正弦分量和余弦分量转换获得 B 站订正后的调和常数。

该方法的前提条件为两站在空间上相邻，具有同步的水位观测数据，长期站具有长期分析结果，且通常要求同步时长能达到 15d 或以上。两站在空间上越近，同步时长越长，则差分订正的精度越高。

§3.7 潮 汐 预 报

潮汐预报是潮汐分析的逆过程，利用潮汐分析获得的主要分潮调和常数，计算该站点在任意时刻的潮位高度，称为潮位预报；也可进一步统计获得任一时段内的高潮和低潮发生的时刻及对应时刻的潮位高度，称为高低潮预报。

3.7.1 潮位预报

天文潮位是众多频率振动的叠加，每个频率振动对应于一个分潮，振动的平衡位置是平均海面，因此，仅由调和常数计算的天文潮位是从平均海面起算的。在时刻 t 从平均海面起算的天文潮位 $T(t)_{MSL}$ 可表示为

$$T(t)_{MSL} = \sum_{i=1}^{m} f_i H_i \cos[V_i(t) + u_i - g_i] \tag{3.66}$$

式中，m 为分潮的个数；H、g 为分潮的调和常数；f、u 为分潮的交点因子与交点订正角；$V(t)$ 为分潮在时刻 t 的天文相角。

式(3.66)中存在交点订正的原因是分潮的调和常数通常是由长期或中期调和分析获得的,天文潮位表达式应与调和分析的潮高模型一致。相应地,可采用的分潮以及调和常数的精度也取决于潮汐分析所用的水位数据时长与潮汐分析方法。另外,式(3.66)仅预报了天文潮位,与水位相比,未预报天气等因素引起的余水。在正常天气下,预报的天文潮位与水位基本一致,与水位相比,通常认为由长期分析结果预报潮位高度的误差在20~30cm,预报高潮时与低潮时的误差在20~30 分钟。

假设某一起算面在平均海面下的距离为 D(以向下为正),则从该起算面起算的预报潮位 $T(t)_D$ 为

$$T(t)_D = D + T(t)_{MSL} \tag{3.67}$$

天文潮位在某起算面上的高度,也称为在该起算面上的潮高,如在深度基准面上的潮高。

3.7.2　高低潮预报

式(3.66)是潮位随时间变化的函数表达式,高、低潮是潮位变化的局部极值点,因此,高低潮预报就是求取式(3.66)在某一时段内的极值点,通常有两种方法:

(1)微分法,由式(3.66)推导出极值点的显性表达。但式(3.66)是时间 t 的复杂表达式,实际上难以实现。

(2)离散化比对的方法。假设以 10 分钟间隔预报潮位,通过对比相邻潮位的量值大小确定极值,可获得高潮和低潮的潮时与潮高。此时,相对于式(3.66),高低潮的潮时误差取决于预报潮位的时间间隔,即为 10 分钟。该过程相当于是以 10 分钟间隔对连续的潮位变化进行离散化,因此,时间间隔越短,离散化的误差越小,但计算量越大,预报高低潮的效率越低。

下面介绍效率更高的一种预报高低潮的方法:利用优选法快速计算出高低潮。

3.7.2.1　黄金分割法

优选法是研究如何用较少的试验次数,迅速找到最优方案的一种科学方法。黄金分割法是优选法的一种,也称为 0.618 法,由美国数学家 Jack Kiefer 于 1953 年提出,著名数学家华罗庚于 20 世纪六七十年代对其进行了简化、补充,并进行了推广,目前广泛应用于各个领域。这里是将黄金分割法用于求取函数的极值:假设函数 $y = f(x)$ 在区间 (a, b) 上存在单峰极大值(或者极小值),黄金分割法是每次选取两个试验点,比较后舍去部分区间,每次都将区间缩小,起到大幅减少计算量的效果。基于图 3.14 简述其原理,为了表述方便,假设区间 (a, b) 为 $(0, 1)$,函数 $y = f(x)$ 在该区间存在一个极大值。

步骤如下:

(1)选取两个试验点 x_1 与 x_2,分别位于区间两侧的黄金分割点处,即 $x_1 = 1 - 0.618 = 0.382$,$x_2 = 0.618$。易知,两点是关于中心对称的。

(2)计算两点的量值,分别为 $y_1 = f(x_1)$ 与 $y_2 = f(x_2)$。

(3)比较两点处的量值,如果 $y_1 > y_2$,舍去区间 $(x_2, 1)$,反之舍去区间 $(0, x_1)$。

(4)以舍去区间 $(x_2, 1)$ 为例,以保留的区间 $(0, x_2)$ 为新的区间,重复上述三个步骤。每次保留的区间是前一次的 0.618 倍,迭代一定次数时即可选出极大值。

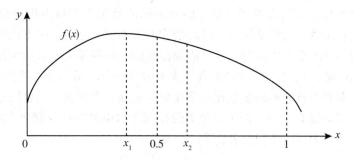

图 3.14 黄金分割法示意图

对于极小值，每次选取较小值所在的区间，步骤完全一致。

3.7.2.2 优选高低潮

将上述优选确定函数极值的方法应用于优选高低潮，这里以高潮为例，优选式 (3.66) 的极大值。首先需确定优选的区间：由式 (3.66) 计算逐时整点时刻的潮位，对比确定出极大值，如图 3.15 所示，t_0 为由逐时整点潮位确定的极大值整点时刻，t_{-1}、t_{+1} 分别为前后相邻的整点时刻。式 (3.66) 在区间 (t_{-1}, t_{+1}) 存在单峰极大值。

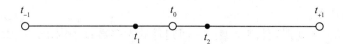

图 3.15 黄金分割法优选高低潮示意图

其次，以 (t_{-1}, t_{+1}) 为区间运用黄金分割法优选极大值：图 3.15 中选取的试验时刻 t_1 与 t_2 分别相当于图 3.15 中的 x_1 与 x_2，则

$$t_1 = t_{-1} + 0.382 \times 2h$$
$$t_2 = t_{-1} + 0.618 \times 2h$$

$$(3.68)$$

按黄金分割法的步骤进行比较及区间取舍，每次保留的区间是前一次的 0.618 倍，n 次迭代后 t_1 与 t_2 间的时间间隔 Δt 为

$$\Delta t = 0.236 \times 0.618^n \times 2h \tag{3.69}$$

按需设置迭代次数，最后从两点之中选择大的潮位高度作为高潮高，对应的时刻即为高潮时。此时，相对于式 (3.66)，高潮的潮时最大误差为 Δt。

低潮的优选过程与高潮类似，但是从逐时整点潮位的极小值区间开始，每次取较小值。

§3.8 潮汐类型与潮汐类型数

前述在平衡潮理论中，月球赤纬引起的日潮不等与地理纬度有关，并依据一个太阴日

(24 小时 50 分钟)内高、低潮次数以及一个月内高、低潮变化特征,将潮汐变化定性划分为半日潮、混合潮与日潮三大类型。划分的基本标准是每太阴日内出现高潮和低潮的次数。潮汐变化是众多频率的振动组合,此时潮汐类型本质上是由潮汐变化中日周期振动与半日周期振动的相对大小而决定的:半日周期振动的振幅明显大于日周期振动时,每日将出现两次高潮和低潮;反之,每日将出现一次高潮和低潮。在实际应用中为了方便和统一,一般以日分潮和半日分潮的振幅比为量化指标来划分潮汐类型。各国选取的分潮与标准并不一致,我国是以 K_1 和 O_1 两个日分潮的振幅之和相对半日分潮 M_2 振幅的比值大小作为量化指标,称为潮汐类型数,若记为 F,则

$$F = \frac{K_1 + O_1}{M_2} \tag{3.70}$$

按潮汐类型数 F 的量值范围,具体定量划分标准为:

(1) $F < 0.5$,(规则)半日潮类型:在每太阴日中有两次高潮和低潮,且两相邻高潮或低潮的时间间隔约为 12 小时 25 分钟;

(2) $0.5 \leqslant F < 2.0$,不规则半日潮类型:在一太阴日中有两次高潮和低潮,但两相邻的高潮或低潮的高度不相等,即两相邻潮差也不相等,而且涨潮时间与落潮时间也不相等;与半日潮类型相比,日潮不等现象更明显;

(3) $2.0 \leqslant F \leqslant 4.0$,不规则日潮类型:一回归月的大多数日子内每个太阴日有两次高潮和低潮,但在回归潮前后数天会出现一太阴日只有一次高潮和低潮的日潮现象;F 值越大,日潮天数越多;

(4) $F > 4.0$,(规则)日潮类型:一回归月的大多数日子内出现一太阴日只有一次高潮和低潮的日潮现象,只在分点潮前后出现一太阴日两次高潮和低潮;F 值越大,日潮天数越多。

第4章 垂直基准面的确定

观测记录的海面是从水位零点起算随时间变化的瞬时海面，起算面需从任意选定的水位零点转换至固定的基准面，如国家高程基准的(似)大地水准面、各种振动的平衡面——平均海面、海图深度的起算面——深度基准面等。本章将介绍海域所涉及各基准面的定义及确定方法。

§4.1 垂直基准面的相对关系

除了陆域上常涉及的参考椭球面与(似)大地水准面外，海域基准面主要与潮汐相关，需由潮汐资料计算确定，如平均海面、深度基准面与平均大潮高潮面等，归类称为潮汐基准面。海洋测绘实践中常涉及的垂直基准面及相对关系如图4.1所示，一般是在验潮站处才能较准确地确定各基准面的相对关系。

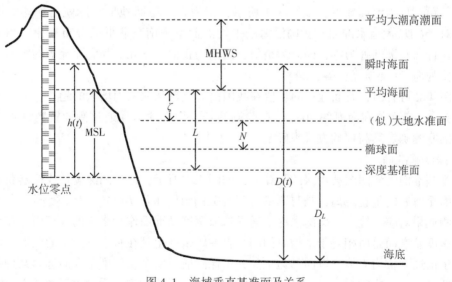

图 4.1 海域垂直基准面及关系

1. 瞬时海面

水尺或验潮仪等验潮设备测量记录海面随时间的升降变化 $h(t)$，是时间与从水位零点起算的水位高度序列。

2. 平均海面与(似)大地水准面

平均海面可看作各种波动和振动的平衡面，一般由水位数据求取算术平均值，计算获得平均海面在水位零点上的高度 MSL。在海洋潮汐学理论中，通常把 18.61 年视为一个潮汐周期，因此，由 18.61 年时长的水位数据计算获得的平均海面，可认为已滤除了各种波动和振动。实践中是采用 19 年时长，更利于滤除长周期分潮中振幅最大的年周期分潮。同时，若进一步规定了 19 年的具体范围，所有潮汐基准面都采用此时段的水位数据进行计算，则该时段称为潮汐基准面历元。如美国称之为"国家潮汐基准面历元（national tidal datum epoch，NTDE）"，并每隔 25 年更新一次历元，即更改 19 年的时段范围。

我国的国家高程基准定义与平均海面相关，是以青岛大港验潮站处的平均海面为高程起算零点：①1957 年，采用 1950—1956 年的 7 年水位数据计算的平均海面作为高程基准面，命名为"黄海平均海水面"，建立了"1956 年黄海高程系统"；②因 7 年时长太短且1950 年与 1951 年的水位数据存在较大的系统误差，故重新采用 1952—1979 年的 28 年水位数据，以连续 19 年为一组计算平均海面，取共计 10 组平均海面的平均值作为高程基准面，命名为"1985 国家高程基准"。为了牢固地表示出高程基准面的位置以及便于作为高程的起算点，在验潮站附近的观象山上建立了水准原点，经精密水准测量获得原点在高程基准面上的高程，以此原点及其高程作为联测全国高程的依据。在"1956 年黄海高程系统"与"1985 国家高程基准"中，水准原点的高程分别为 72.289m 与 72.260m。

（似）大地水准面可视为经过青岛大港验潮站平均海面的等位面，该面上的高程为零。目前一般是指对应于"1985 国家高程基准"的（似）大地水准面。在各种海洋动力作用下，平均海面不是一个等位面，与（似）大地水准面并不重合。平均海面在（似）大地水准面上的垂直差距，称为海面地形，如图 4.1 所示，记为 ζ。海面地形实际就是平均海面的高程。相对于（似）大地水准面，我国沿海的平均海面呈现南高北低的分布规律，相应的海面地形在青岛验潮站处为零，向北为负值，向南为正值。图 4.2 为海面地形的等值线分布图，单位为厘米（邓凯亮，等，2009）。

由图 4.2 可看出，海面地形的量值在我国沿海呈现从北向南增大的趋势，最小值在渤海约−15cm，最大值在南海约 70cm。在验潮站处，海面地形需通过潮汐资料计算平均海面、水准联测确定其高程的方式来确定。

3. 深度基准面

深度基准面为海图图载水深的起算面，如图 4.1 所示，通过测深设备或仪器获得的是瞬时海面至海底的垂直距离，是与测量时刻有关的瞬时水深 $D(t)$。为了使同一点不同时刻的观测成果对应于统一意义的水深，通常选取深度基准面作为水深的起算面。在海道测量中，深度基准面是由相对于平均海面的垂直差距来确定其在垂直方向中的位置，该垂直差距的量值通常称为 L 值，以向下为正。为了保障航行安全，深度基准面选为某种甚少能达到的低潮面，相应的图载水深是相对保守的水深，任意时刻的瞬时水深都甚少能浅于图载水深。

4. 平均大潮高潮面

平均大潮高潮面（mean high water springs，MHWS）是大潮期间高潮潮位的平均值，是我国的净空基准面，作为灯塔光心、明礁、海上桥梁与悬空线缆等水上助航和碍航信息高度的参考面（暴景阳，等，2013）。在我国，平均大潮高潮面与陆地的交线是海岸线的理

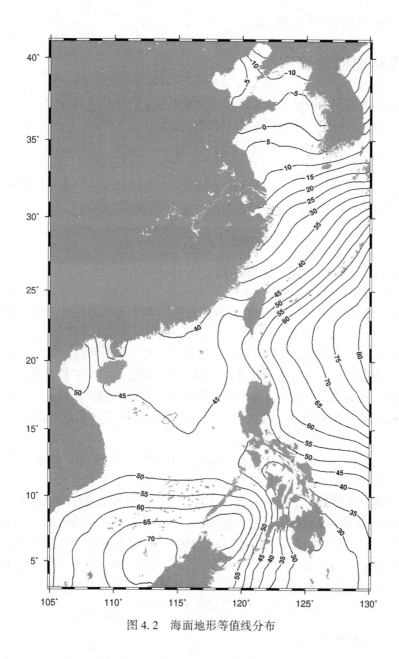

图 4.2 海面地形等值线分布

论定义,是陆地与海洋的分界线。

综合而言,与陆域垂直基准相比,海域垂直基准具有如下特点:

(1)平均海面、深度基准面与平均大潮高潮面是海域常用的垂直基准面,都是潮汐基准面,需由潮汐资料计算,垂直关系由验潮站来维持。

(2)深度基准面、(似)大地水准面与平均大潮高潮面在垂直方向上的位置是由相对于平均海面的垂直差距来度量的,因此,平均海面是更高一级的垂直基准。这与陆域对基准面的表达不同,大地测量中通常是指基准面在某坐标框架中的大地高,如平均海面或大地水准面在参考椭球面上的大地高。

§4.2　平均海面的确定

验潮站处平均海面的位置是由相对于水位零点的垂直距离进行标定。因此，平均海面的确定在狭义上是指确定其在水位零点上的垂直距离。

4.2.1　平均海面的定义

一般情况下，以 5 分钟、6 分钟、10 分钟或 1 小时的等间隔对水位变化进行观测，对某时段内的水位序列取算术平均值，即为该时段的平均海面 MSL：

$$\text{MSL} = \frac{1}{n} \sum_{i=1}^{n} h(t_i) \tag{4.1}$$

式中，n 为水位观测个数；$h(t)$ 为水位数据。

利用式(4.1)计算平均海面需注意以下两点：

(1)水位观测序列的零点应一致，如在浅滩采用多个水尺测量时，应转换至同一个水尺的零点上。

(2)MSL 为对应观测时段的平均海面，如采用一天、一个月或一年的水位数据，计算获得的平均海面分别为对应时间的日平均海面、月平均海面与年平均海面。

对水位数据实施潮汐分析可计算获得平均海面，水位数据时段越长，潮汐分析结果与算术平均法结果间的差异越小，通常可忽略。相关行业标准与规范中都规定采用算术平均法。

基于海洋潮汐学理论，由一个完整的潮汐变化周期(18.61 年，通常取整为 19 年)水位数据计算的平均海面才可认为是消除各种振动和波动的一种理想面。在工程实践中，布设的验潮站通常只验潮数天至数月，由此计算的平均海面习惯统称为短期平均海面。而数年时长计算的平均海面通常称为长期平均海面，习惯称为多年平均海面，已被认为是理想面的可靠近似。《海道测量规范》(GB 12327—1998)规定"长期验潮站是测区水位控制的基础，主要用于计算平均海面，一般应有 2 年以上连续观测的水位资料。"而《水运工程测量规范》(JTS 131—2012)的规定是 5 年。对于长期验潮站的平均海面，通常是直接采用管理单位提供的结果，并不涉及计算问题，直接认定为长期平均海面。

4.2.2　平均海面的稳定性

水位变化中包含了各种波动和振动，如引潮力作用下的各周期分潮、天气因素等引起的短期非周期性余水位等。从滤波的角度看，日平均海面不能消除长周期分潮，且还残留着短周期分潮的影响；月平均海面基本消除了短周期分潮，但仍残留着长周期分潮的影响；年平均海面基本消除了年周期以内各分潮的影响。因此，不同时间尺度平均海面将呈现相对应的剩余潮汐成分的周期性。以相距约 70km 的连云港站与石臼所站为例，考察日平均海面、月平均海面与年平均海面的稳定性。

两站都存在连续 19 年的水位实测数据，计算的平均海面可视作消除所有扰动的理想面，作为计算变化量的基准值，记为长期平均海面。以日、月、年等时长计算日平均海面、月平均海面与年平均海面，相对长期平均海面的差异分别称为日距平、月距平与年距平，代表了相应时间尺度平均海面的变化。

1. 日平均海面的变化

两站某两年的日距平如图 4.3 所示，单位为厘米。

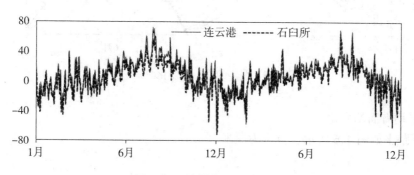

图 4.3　两年的日距平变化曲线

由图 4.3 可看出：①日平均海面的变化幅度较大，约在±80cm 内；②从一年及以上时间尺度上可发现明显的年周期变化，但较短时间尺度内的日平均海面变化复杂，如图 4.4 为一个月的日距平，单位为厘米。

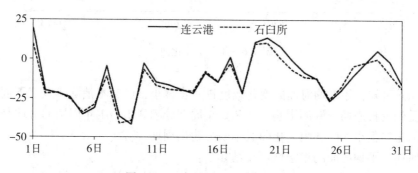

图 4.4　一个月的日距平变化曲线

由图 4.4 可知，受全日分潮与半日分潮的残留影响，在多个短期分潮的综合作用下，由曲线难以判断日平均海面变化的周期。由图 4.3 与图 4.4 都可看出，连云港站与石臼所站的日平均海面变化存在明显的一致性。

2. 月平均海面的变化

两站某两年的月距平如图 4.5 所示，单位为厘米。

由图 4.5 可看出，月平均海面已基本消除了短周期分潮的影响，主要受长周期分潮的影响，因 S_a 分潮占优而呈现明显的年周期性。月平均海面的变化幅度明显小于日平均海面，约为±20cm，与两站的 S_a 分潮振幅相近。

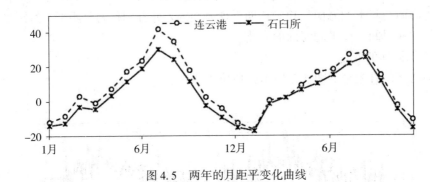

图 4.5　两年的月距平变化曲线

3. 年平均海面的变化

两站年距平如图 4.6 所示，单位为厘米。

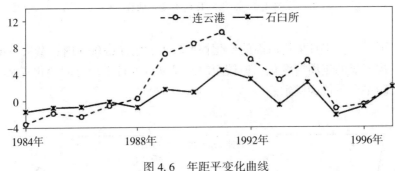

图 4.6　年距平变化曲线

由图 4.6 可知，年平均海面的变化幅度进一步减小，已基本消除年及以下周期分潮的影响，仅受到更长周期分潮的影响，如 8.6 年周期分潮和 18.61 年周期的月球交点潮，但这些分潮的振幅很小，因此由变化曲线不易分辨出周期性。

综上所述，平均海面的稳定性可总结如下：

（1）时间越长，平均海面的变化幅度越小，即稳定性越强；

（2）对于数天或一个月的时长，平均海面变化呈现明显的年周期；

（3）相邻站间的平均海面变化呈现较强的一致性，或者可称平均海面变化的空间相关性较强。

4.2.3　平均海面的传递

在海道测量工程实践中，布设的验潮站通常只验潮数天至数月。由前述平均海面的稳定性可知，短期平均海面的变化幅度较大，因此，短期验潮站的平均海面应由邻近长期站传递确定。常用的传递方法有水准联测法、同步改正法与回归分析法，下面介绍三种方法的数学模型、假设条件与使用方法。在表述中，统一将长期验潮站（基准站）记为 A 站，而短期站(待传递站)记为 B 站；上标 L 与 S 分别表示长期平均海面与同步期的短期平均海面，平均海面的量值是指在该站水位零点上的垂直距离。

4.2.3.1 水准联测法

水准联测法，也称为几何水准法，基本原理是假定两站的长期平均海面位于同一等位面上，即两站长期平均海面的高程相等，或者说假定两站的海面地形数值相同。图 4.7 为 A 站处水准联测法相关的示意图，图中：水尺代表验潮设备；水准点的高程为 H_A；水准点相对于水位零点的高差为 h_{0A}；长期平均海面在水位零点上的垂直距离为 MSL_A^L。

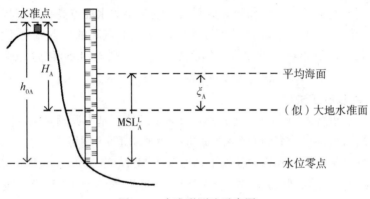

图 4.7 水准联测法示意图

由图 4.7 中相关参数推导 A 站的长期平均海面的高程，即图中的海面地形 ζ_A：

$$\zeta_A = H_A - h_{0A} + \mathrm{MSL}_A^L \tag{4.2}$$

类似地可推导出 B 站的海面地形 ζ_B：

$$\zeta_B = H_B - h_{0B} + \mathrm{MSL}_B^L \tag{4.3}$$

水准联测法假设两站的海面地形相等，由上两式得

$$H_B - h_{0B} + \mathrm{MSL}_B^L = H_A - h_{0A} + \mathrm{MSL}_A^L \tag{4.4}$$

整理上式得 B 站的长期平均海面在其水位零点上的高度 MSL_B^L 为

$$\mathrm{MSL}_B^L = \mathrm{MSL}_A^L + h_{0B} - h_{0A} - (H_B - H_A) \tag{4.5}$$

由上式知，传递确定 B 站的长期平均海面需以下已知条件：

(1)两站旁存在水准点且高程 H_A、H_B 已知。

对于布设于沿岸的长期或短期验潮站，按规范要求通常都联测布设数个水准点，分为主要水准点与工作水准点。

(2)两站水准点与水位零点的高差 h_{0A}、h_{0B} 已知。

对于长期站 A 站，h_{0A} 为已知值，提供给使用者。对于布设于沿岸的 B 站，按规范要求需测定工作水准点与水位零点间的高差，可采用等外水准或水面水准测定。若以水尺测量水位，则可由水尺以等外水准方式直接测定 h_{0B}。若以验潮仪测量水位，则可增设水尺，利用一时段内水尺与验潮仪的同步水位数据确定水尺零点与验潮仪水位零点的高差关系，进而推算确定工作水准点与验潮仪水位零点间的高差 h_{0B}。

63

由水准联测法的原理,分析传递误差:

(1)假设条件:两站的海面地形相等。

实践统计以及图 4.2 海面地形模型等值线分布表明,海面地形在中国沿岸每 100km 变化约 5cm。因此,两站间距离越近,假设条件的符合程度将越高。

(2)h_{0A}、h_{0B} 测定误差。

因工作水准点通常在验潮设备旁边,直接测定的精度高。

(3)H_A、H_B 的误差。

验潮站所处的沿岸是地壳沉降相对明显的区域,不同年份的测量成果间可能存在数厘米、甚至数十厘米的差异。从不同起算点联测确定两站的水准点高程时,将存在起算成果年份不一致的问题。以水准联测方式直接测定两站水准点间的高差则可消除或减弱该误差,设测定 B 站水准点相对 A 站水准点的高差为 h_{AB}, 则式(4.5)化为下式

$$\mathrm{MSL}_B^L = \mathrm{MSL}_A^L + h_{0B} - h_{0A} - h_{AB} \tag{4.6}$$

4.2.3.2　同步改正法

同步改正法,也称为同步季节改正法、海面水准法,基本原理是假定同一时段内两站的短期平均海面与长期平均海面的差异(通常称为短期距平)相等。

设两站从各自水位零点起算的长期平均海面为 MSL_A^L 与 MSL_B^L、短期平均海面为 MSL_A^S 与 MSL_B^S,短期距平定义为短期平均海面与长期平均海面的差异,设为 $\Delta\mathrm{MSL}_A$ 与 $\Delta\mathrm{MSL}_B$,则

$$\begin{cases} \Delta\mathrm{MSL}_A = \mathrm{MSL}_A^S - \mathrm{MSL}_A^L \\ \Delta\mathrm{MSL}_B = \mathrm{MSL}_B^S - \mathrm{MSL}_B^L \end{cases} \tag{4.7}$$

假设两站短期距平相等,由上式得

$$\mathrm{MSL}_A^S - \mathrm{MSL}_A^L = \mathrm{MSL}_B^S - \mathrm{MSL}_B^L \tag{4.8}$$

整理上式得 B 站的长期平均海面在其水位零点上的高度 MSL_B^L 为

$$\mathrm{MSL}_B^L = \mathrm{MSL}_B^S - \mathrm{MSL}_A^S + \mathrm{MSL}_A^L \tag{4.9}$$

由上式知,传递确定 B 站的长期平均海面需已知两站同步期间的短期平均海面。

据同步改正法的原理,其主要误差源是两站同步期短期距平相等的假设条件。由前述平均海面的稳定性部分可知:平均海面变化(短期距平)呈现明显的年周期;相邻站间的变化呈现较强的一致性;随着同步时长的增加,平均海面的变化幅度减小,变化的一致性增加。从分潮的角度,这与 S_a 分潮的空间分布尺度有关。S_a 分潮中来源于天文引潮力的部分很小,主要来源于太阳辐射等气候的周期性变化。这决定了 S_a 分潮具有空间分布尺度大的特点,即较大尺度范围内的 S_a 分潮保持基本一致。图 4.8 为 S_a 分潮振幅的等值线分布图,单位为厘米。

由图 4.8 可看出 S_a 分潮的振幅从北向南逐渐减小,振幅变化 5cm 对应于沿岸海域数百千米范围。这表明短期平均海面的变化幅度具有空间分布尺度大的特点。S_a 分潮迟角决定了平均海面变化在时间上的一致性,如两站的迟角相近,则两站的平均海面在时间上基本同步达到最高或最低。一般情况下,迟角的空间分布是以迟角的等值线(也称为同潮时)来表示。这里将 S_a 分潮迟角转化为平均海面达到最高的月份,也就是月平均海面达到

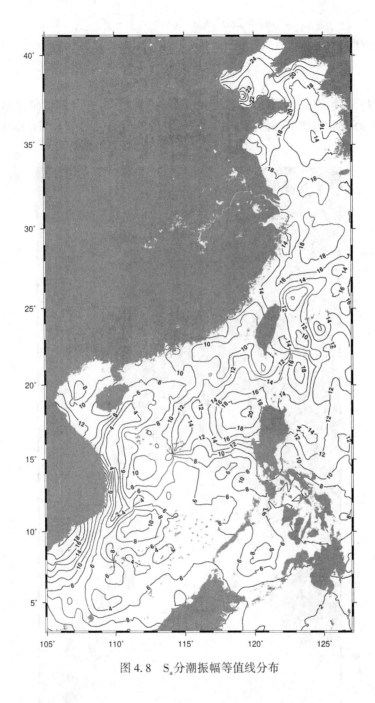

图 4.8　S_a 分潮振幅等值线分布

最高时的月份。原因是 S_a 分潮的周期刚好为一回归年，对于海域上某处而言，月平均海面达到最高的月份在每一年都相同。转化方法简述如下：

（1）S_a 分潮的杜德逊编码为 056. 555，由式（2. 19）知，天文相角即为太阳平经度 h。h 的周期为回归年，由式（2. 22）知，每年 1 月 1 日的相角都约为 280°。

（2）设 S_a 分潮的迟角为 g，相角的月变化率约为 30°，则 m 月的相角 $V(m)$ 为

$$V(m) = 280° + 30°(m - 1) - g \qquad (4.10)$$

当相角为 $360°(0°)$ 时，S_a 分潮的潮高达到最高，据此可概算出月 m：

$$m = \frac{110° + g}{30°} \qquad (4.11)$$

图 4.9 为以月平均海面达到最高时的月份表示中国沿海 S_a 分潮迟角分布，重点关注于沿岸海域，南海海域因季节环流的作用而呈现复杂的变化，图中未细致标注。

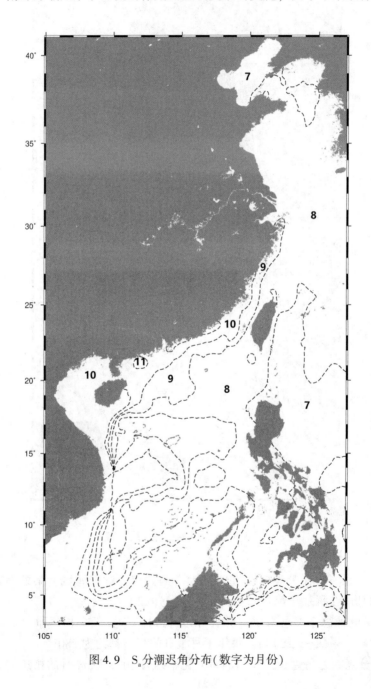

图 4.9　S_a 分潮迟角分布(数字为月份)

由图4.9可看出，月平均海面出现最高的月份具有明显的规律性：渤海为7月，黄海、东海外海和台湾周边为8月，长江口附近和浙江沿岸为9月，福建和广东大部、海南和广西为10月。整体上从北向南逐渐推迟。若从巴士海峡东西方向上观察，则是从巴士海峡的8月向西逐渐推迟至北部湾的10月。

结合图4.8与图4.9可知，S_a分潮在中国沿海具有空间分布尺度大的特点，这是提出并实践应用同步改正法的基础。两站距离越近，同步时长越长，则两站短期距平的一致性越好。因月距平在每年的变化基本相同，故在无法获得邻近长期站水位数据时，可采用所属海区历史数据统计的月距平，称为平均海面季节改正数，作为精度要求不高时的平均海面改正值。如国家海洋信息中心编制出版的各年度《潮汐表》，以附表形式给出各海区12个月的平均海面季节改正值。

同步改正法是实践中最常用的平均海面传递方法，具有原理与计算简单、精度高的优点。中国沿岸典型验潮站统计表明：同步7天，同步改正法基本能保证传递的中误差与极值误差在±10cm内；而同步15天与同步30天的精度相当，能达到厘米级(许军，等，2014)。但同步改正法在使用时需关注两站水位的同步性，应保证时段的严密同步，特别是同步时长相对较短的时候。如短期站以水尺只观测了白天的水位或验潮仪中间因故障出现缺测等，两站应只采用同时刻的水位数据分别计算短期平均海面，否则会出现较大的误差。

4.2.3.3　回归分析法

回归分析法，也称为线性关系最小二乘拟合法，基本原理是假定两站的短期距平具有比例关系。设比例为k，则

$$\Delta\mathrm{MSL_B} = k \cdot \Delta\mathrm{MSL_A} \tag{4.12}$$

将式(4.7)代入上式，得

$$\mathrm{MSL_B^L} = \mathrm{MSL_B^S} - k \cdot \mathrm{MSL_A^S} + k \cdot \mathrm{MSL_A^L} \tag{4.13}$$

上式中k未知，需进一步假设两站的长期平均海面之间为线性比例关系，比例系数仍为k，则有

$$\mathrm{MSL_B^L} = k \cdot \mathrm{MSL_A^L} + C \tag{4.14}$$

上式中C为未知常数项。将上式代入式(4.13)，整理得短期平均海面之间的关系如下

$$\mathrm{MSL_B^S} = k \cdot \mathrm{MSL_A^S} + C \tag{4.15}$$

对比式(4.14)与式(4.15)可知，此时两站的长期平均海面与短期平均海面具有相同的线性关系。

为了由式(4.13)求得$\mathrm{MSL_B^L}$，需由式(4.15)计算出k。若将整个同步期作为一个时段，计算两站同步期的短期平均海面$\mathrm{MSL_A^S}$与$\mathrm{MSL_B^S}$，则仅能由式(4.15)列出一个方程，无法求解出k与C。因此，通常将同步期按天分解，每天的日平均海面都列出如式(4.15)的方程，设存在n天的日平均海面序列，当$n \geq 2$时，基于间接平差原理可求解出k与C。步骤简述如下：

1. 构建观测方程组

计算两站每天的日平均海面，设为$\mathrm{MSL_A^i}$与$\mathrm{MSL_B^i}$，其中$i = 1, 2, \cdots, n$。式(4.15)是估计k与C的观测方程，将每天的日平均海面代入式(4.15)得观测方程

$$\mathrm{MSL}_B^i + v_i = \hat{k} \cdot \mathrm{MSL}_A^i + \hat{C} \tag{4.16}$$

n 天的日平均海面序列构建观测方程组如下

$$\begin{pmatrix} \mathrm{MSL}_B^1 + v_1 \\ \mathrm{MSL}_B^2 + v_2 \\ \vdots \\ \mathrm{MSL}_B^n + v_n \end{pmatrix} = \begin{pmatrix} \mathrm{MSL}_A^1 & 1 \\ \mathrm{MSL}_A^2 & 1 \\ \vdots & \vdots \\ \mathrm{MSL}_A^n & 1 \end{pmatrix} \begin{pmatrix} \hat{k} \\ \hat{C} \end{pmatrix} \tag{4.17}$$

据间接平差的原理，观测方程组形式为

$$L + V = B\hat{X} + d \tag{4.18}$$

对照式(4.17)与式(4.18)，式(4.18)中相应矩阵的具体形式如下：

$$L = \begin{pmatrix} \mathrm{MSL}_B^1 & \mathrm{MSL}_B^2 & \cdots & \mathrm{MSL}_B^n \end{pmatrix}^{\mathrm{T}} \tag{4.19}$$

$$\hat{X} = \begin{pmatrix} \hat{k} & \hat{C} \end{pmatrix}^{\mathrm{T}} \tag{4.20}$$

$$B = \begin{pmatrix} \mathrm{MSL}_A^1 & 1 \\ \mathrm{MSL}_A^2 & 1 \\ \vdots & \vdots \\ \mathrm{MSL}_A^n & 1 \end{pmatrix} \tag{4.21}$$

$$d = 0 \tag{4.22}$$

2. 组建法方程及求解

假设各观测(每天的日平均海面)互相独立，则观测值权阵可设为单位阵。按间接平差原理，法方程为

$$B^{\mathrm{T}}B\hat{X} = B^{\mathrm{T}}L \tag{4.23}$$

由上式解得

$$\hat{X} = (B^{\mathrm{T}}B)^{-1}B^{\mathrm{T}}L \tag{4.24}$$

由式(4.20)所示的参数顺序，将 k 与 C 的平差估计结果，代入式(4.14)可得 B 站的长期平均海面 MSL_B^L。

理论上，只需同步两天即可由回归分析法传递确定短期站的长期平均海面。但由图 4.3 可看出日平均海面变化剧烈。中国沿岸典型验潮站统计表明：同步时长为 3 天时，其误差普遍较大，且部分时段的误差明显不合理。同步时长达到 7 天及以上时，其精度才与同步改正法相当，但部分站的极值误差仍相对偏大。因此，当同步时长在 7 天以内时，应谨慎使用回归分析法(许军，等，2014)。

§4.3　深度基准面的确定

验潮站处深度基准面的位置是由相对于平均海面的垂直距离进行标定的。因此，深度基准面的确定在狭义上指计算其在平均海面下的垂直距离，该垂直距离的量值通常称为深度基准面 L 值，简称 L 值，以向下为正。

4.3.1 深度基准面的定义

深度基准面是海图图载水深的起算面，为了保障航行安全，深度基准面选为某种甚少能达到的低潮面，相应的图载水深是相对保守的水深，任意时刻的瞬时水深都甚少能小于图载水深。因此，深度基准面是一种潮汐基准面，深度基准面 L 值与潮差的大小有着密切的联系。确定的基本原则是：既要考虑到舰船航行的安全，又要照顾到航道的使用率。通常以"保证率"来表达这一原则。深度基准面的保证率是指高于深度基准面的低潮次数与低潮总次数之比。我国通常以 95% 为标准，国际海道测量组织要求水位很少会低于这个面，即在正常的天气情况下，水位都高于深度基准面，只有在特殊地点和遇特殊天气时水位才低于该面。

世界各沿海国家据潮汐性质的特点定义了多种深度基准面，甚至有些国家在其不同的海域采用了不同的定义。常用的定义有平均大潮低潮面、最低低潮面、平均低潮面、平均低低潮面、略最低低潮面、平均海面、最低天文潮面和理论最低潮面等，其中最低天文潮面是国际海道测量组织推荐的定义，而理论最低潮面是我国法定的深度基准面。

4.3.1.1 最低天文潮面

最低天文潮面(lowest astronomical tide，LAT)最初是由英国海军部提出的。其定义是，在平均气象条件下和在结合任何天文条件下，可以预报出的最低潮位值。同理，最高天文潮面(highest astronomical tide，HAT)定义为可以预报出的最高潮位值。1995 年，国际海道测量组织推荐其会员国统一采用最低天文潮面为海图深度基准面。现在越来越多的国家开始采用最低天文潮面作为本国的深度基准面。

在算法具体实现上，可采用黄金分割法预报某个连续 19 年时段的高低潮潮位，分别取低潮中的最低潮位值(取正)和高潮中的最高潮位值作为最低天文潮面与最高天文潮面的量值。

4.3.1.2 理论最低潮面

理论最低潮面，也称为理论上可能最低潮面，旧称理论深度基准面、海图深度基准面。我国自 1956 年起，将深度基准面统一于理论最低潮面，采用弗拉基米尔斯基算法，由 S_a、S_{sa}、Q_1、O_1、P_1、K_1、N_2、M_2、S_2、K_2、M_4、MS_4、M_6 等 13 个分潮叠加计算可能出现的最低潮位。

由 26 个变量的非线性函数，难以严密地推导出最小值。弗拉基米尔斯基算法采用理论化简的方法，其基本原理是依据分潮间的平衡潮理论关系引入近似假设，将多变量函数简化为 K_1 分潮相角 φ_{K_1} 的单变量函数，最后以适当间隔对 φ_{K_1} 离散化，获得一组函数值，取最小值(符号为负)，则该值的绝对值即为相对于平均海面的理论上可能最低潮面。此处略去化简推导的过程，直接给出计算公式。13 个分潮在理论上可能的最低潮面由下式表示：

$$L = L_8 + L_{shallow} + L_{long} \tag{4.25}$$

式中，L_8、$L_{shallow}$ 与 L_{long} 分别为 8 个天文分潮、3 个浅水分潮与 2 个长周期分潮的贡献，具体分别为式(4.26)、式(4.27)与式(4.28)。

$$L_8 = R_{K_1}\cos\varphi_{K_1} + R_{K_2}\cos(2\varphi_{K_1} + 2g_{K_1} - 180° - g_{K_2})$$
$$- \sqrt{(R_{M_2})^2 + (R_{O_1})^2 + 2R_{M_2}R_{O_1}\cos(\varphi_{K_1} + \alpha_1)}$$
$$- \sqrt{(R_{S_2})^2 + (R_{P_1})^2 + 2R_{S_2}R_{P_1}\cos(\varphi_{K_1} + \alpha_2)} \tag{4.26}$$
$$- \sqrt{(R_{N_2})^2 + (R_{Q_1})^2 + 2R_{N_2}R_{Q_1}\cos(\varphi_{K_1} + \alpha_3)}$$

$$L_{\text{shallow}} = R_{M_4}\cos\varphi_{M_4} + R_{MS_4}\cos\varphi_{MS_4} + R_{M_6}\cos\varphi_{M_6} \tag{4.27}$$

$$L_{\text{long}} = - R_{S_a}|\cos\varphi_{S_a}| + R_{S_{sa}}\cos\varphi_{S_{sa}} \tag{4.28}$$

式(4.26)至式(4.28)中，$R = fH$，H、g 和 f 是下标所对应分潮的调和常数和交点因子，φ_{K_1} 为 K_1 分潮的相角。其他变量由分潮的调和常数按下列式计算：

$$\alpha_1 = g_{K_1} + g_{O_1} - g_{M_2} \tag{4.29}$$
$$\alpha_2 = g_{K_1} + g_{P_1} - g_{S_2} \tag{4.30}$$
$$\alpha_3 = g_{K_1} + g_{Q_1} - g_{N_2} \tag{4.31}$$
$$\varphi_{M_4} = 2\varphi_{M_2} + 2g_{M_2} - g_{M_4} \tag{4.32}$$
$$\varphi_{MS_4} = \varphi_{M_2} + \varphi_{S_2} + g_{M_2} + g_{S_2} - g_{MS_4} \tag{4.33}$$
$$\varphi_{M_6} = 3\varphi_{M_2} + 3g_{M_2} - g_{M_6} \tag{4.34}$$

φ_{M_2} 的计算分为以下两种情况：

（1）当 $R_{M_2} \geqslant R_{O_1}$ 时

$$\varphi_{M_2} = \tan^{-1}\left[\frac{R_{O_1}\sin(\varphi_{K_1} + \alpha_1)}{R_{M_2} + R_{O_1}\cos(\varphi_{K_1} + \alpha_1)}\right] + 180° \tag{4.35}$$

（2）当 $R_{M_2} < R_{O_1}$ 时

$$\varphi_{M_2} = \varphi_{K_1} + \alpha_1 - \tan^{-1}\left[\frac{R_{M_2}\sin(\varphi_{K_1} + \alpha_1)}{R_{O_1} + R_{M_2}\cos(\varphi_{K_1} + \alpha_1)}\right] + 180° \tag{4.36}$$

φ_{S_2} 的计算分为以下两种情况：

（1）当 $R_{S_2} \geqslant R_{P_1}$ 时

$$\varphi_{S_2} = \tan^{-1}\left[\frac{R_{P_1}\sin(\varphi_{K_1} + \alpha_2)}{R_{S_2} + R_{P_1}\cos(\varphi_{K_1} + \alpha_2)}\right] + 180° \tag{4.37}$$

（2）当 $R_{S_2} < R_{P_1}$ 时

$$\varphi_{S_2} = \varphi_{K_1} + \alpha_2 - \tan^{-1}\left[\frac{R_{S_2}\sin(\varphi_{K_1} + \alpha_2)}{R_{P_1} + R_{S_2}\cos(\varphi_{K_1} + \alpha_2)}\right] + 180° \tag{4.38}$$

$$\varphi_{S_a} = \varphi_{K_1} - \frac{1}{2}\varepsilon_2 + g_{K_1} - \frac{1}{2}g_{S_2} - 180° - g_{S_a} \tag{4.39}$$

$$\varphi_{S_{sa}} = 2\varphi_{K_1} - \varepsilon_2 + 2g_{K_1} - g_{S_2} - g_{S_{sa}} \tag{4.40}$$

$$\varepsilon_2 = \varphi_{S_2} - 180° \tag{4.41}$$

由 13 个分潮的调和常数及式(4.26)至式(4.41)，将式(4.25)简化为 K_1 分潮相角 φ_{K_1} 的单自变量函数。φ_{K_1} 从 0° 至 360° 变化以适当间隔离散取值，可求得 L 的最小值，其绝对值即为深度基准面 L 值。

上述式中交点因子 f 也是变量,依月球的升交点经度 N 而定,变化周期约为 18.61 年。在求式(4.25)的极值时,必须选择起作用相对大的 f 值,由表 4.1 查出。

表 4.1 **交点因子数值表**

分潮	月球升交点经度 N	
	0°	180°
S_a	1.000	1.000
S_{sa}	1.000	1.000
Q_1	1.183	0.807
O_1	1.183	0.806
P_1	1.000	1.000
K_1	1.113	0.882
N_2	0.963	1.038
M_2	0.963	1.038
S_2	1.000	1.000
K_2	1.317	0.748
M_4	0.928	1.077
MS_4	0.963	1.038
M_6	0.894	1.118

依潮汐类型由表 4.1 选取交点因子:

(1)规则日潮类型,交点因子选取 $N = 0°$ 时的值;

(2)规则半日潮类型,交点因子选取 $N = 180°$ 时的值;

(3)混合潮类型(不规则日潮与不规则半日潮类型),交点因子分别选取 $N = 0°$ 与 $N = 180°$ 时的值,由式(4.25)计算两组结果,选取绝对值大者为结果。

在算法实现时,也可都按混合潮类型处理,即由式(4.25)计算两组结果,选取绝对值大者为结果。

4.3.2 深度基准面的稳定性

对一般海区,海洋环境特征的变化十分缓慢,分潮的调和常数十分稳定,故由 13 个主分潮的调和常数计算而得的深度基准面 L 值,相应地也十分稳定。在海道测量工程实践中,深度基准面的稳定性是指某一地点使用不同时间段或长度各异的观测资料,计算所得的深度基准面 L 值的变化程度。对于布设的短期验潮站而言,实测水位数据时长在数天至数月,潮汐分析的精度低,分析获得的分潮振幅和迟角已不是"常数",进而计算的深度基准面 L 值将存在着变化。因此,变化幅度取决于调和常数的稳定性,通常水位数据时长越短，潮汐分析的精度越低，也就是调和常数的精度越低，深度基准面 L 值的精度也就越低。

以相距约 70km 的连云港站与石臼所站为例，分别以 15 天、30 天与 1 年等时长的水位数据实施潮汐调和分析，进而按理论最低潮面算法计算深度基准面 L 值，与 19 年水位数据计算结果的差异，代表了相应时间尺度深度基准面的稳定性或变化。15 天、30 天与 1 年等时长的 L 值变化分别如图 4.10 至图 4.12 所示，单位为厘米。

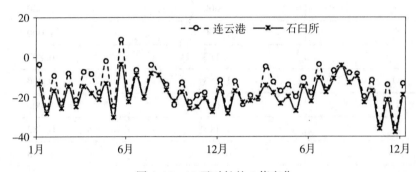

图 4.10　15 天时长的 L 值变化

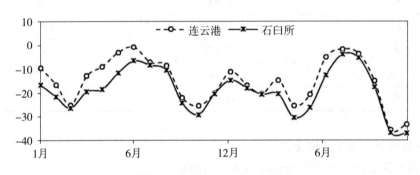

图 4.11　30 天时长的 L 值变化

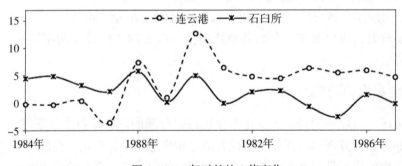

图 4.12　1 年时长的 L 值变化

由图 4.10 至图 4.12 可看出：

（1）15 天与 30 天时长水位数据计算的 L 值，变化幅度较大，这与部分分潮间引入差比关系、潮汐分析精度较低有关。而且整体上偏小约 20cm，这与中期调和分析无法提取 S_a 与 S_{sa} 分潮有关。

（2）1 年时长水位数据计算的 L 值，变化幅度明显减小，这与 1 年时长已能可靠提取 13 个主要分潮有关。

（3）相邻站间的 L 值变化呈现较强的一致性。

4.3.3 深度基准面的传递

由前述深度基准面的稳定性可知，由短期水位数据计算深度基准面 L 值的精度较低，通常应由邻近长期站传递确定。常用的传递方法有空间内插法、略最低低潮面比值法、潮差比法与差分订正法，下面介绍四种方法的数学模型、假设条件与使用方法。在表述中，统一将长期验潮站（基准站）记为 A 站，而将短期站（待传递站）记为 B 站。

4.3.3.1 空间内插法

空间内插法是指采用加权线性插值、多项式拟合、克里金等方法，由短期验潮站周边多站的 L 值内插出短期验潮站处的 L 值。以距离倒数加权插值法为例，简述其原理。

距离倒数加权插值法，也称为反距离加权插值法，是以距离倒数为权的加权线性插值方法。设传递时应用邻近 n 个验潮站，各站的 L 值为 L_i，短期站至各站的距离为 S_i，则短期站的 L 值由下式内插计算

$$L = \frac{\sum_{i=1}^{n} \dfrac{L_i}{S_i}}{\sum_{i=1}^{n} \dfrac{1}{S_i}} \tag{4.42}$$

该方法基于 L 值在区域呈线性分布的假设：①当 $n = 2$ 时，距离取为短期站在两基准站连线上的垂足至基准站的距离，垂足应处于两基准站之间，且短期站至垂足的距离不能过大。②当 $n \geqslant 3$ 时，取短期站至各站的距离，应保证短期站处于基准站网的内部。

空间插值法无需水位数据或调和常数等信息，因此，只能应用于 L 值变化线性且平缓的小范围海域，同时应尽量保证是内插的方式，避免外推。中国近海及邻近海域的深度基准面空间分布如图 4.13 与图 4.14 所示，单位为厘米（许军，等，2020）。

由图 4.13 与图 4.14 可看出，深度基准面 L 值在中国近海呈现复杂的非线性分布，因此应谨慎使用空间内插法，当存在同步水位数据或调和常数信息时，应尽量选择其他传递方法。

4.3.3.2 略最低低潮面比值法

略最低低潮面，又称印度大潮低潮面（Indian spring low water，ISLW），是由英国潮汐学家达尔文（G. Darwin）考察印度洋潮汐时提出，定义为四个最大主分潮 M_2、S_2、K_1 与 O_1 的振幅和。

$$ISLW = H_{M_2} + H_{S_2} + H_{K_1} + H_{O_1} \tag{4.43}$$

略最低低潮面计算简便，考虑了半日潮与日潮的作用，但未顾及迟角的影响，因此不能反映潮汐变化本身的复杂关系，特别是不能体现日潮不等的特征。实际工作表明，有的港口的很多低潮面落在该面之下（方国洪，等，1986）。在 1957 年前，中国部分海区的深

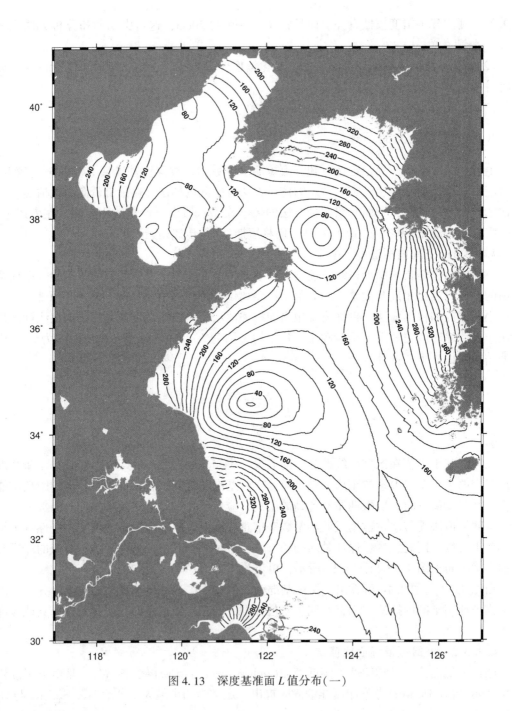

图 4.13　深度基准面 L 值分布(一)

度基准面采用略最低低潮面。

略最低低潮面比值法是假设略最低低潮面量值与深度基准面 L 值成线性比例关系:

$$L_{\mathrm{B}} = \frac{\mathrm{ISLW_B}}{\mathrm{ISLW_A}} L_{\mathrm{A}} \qquad (4.44)$$

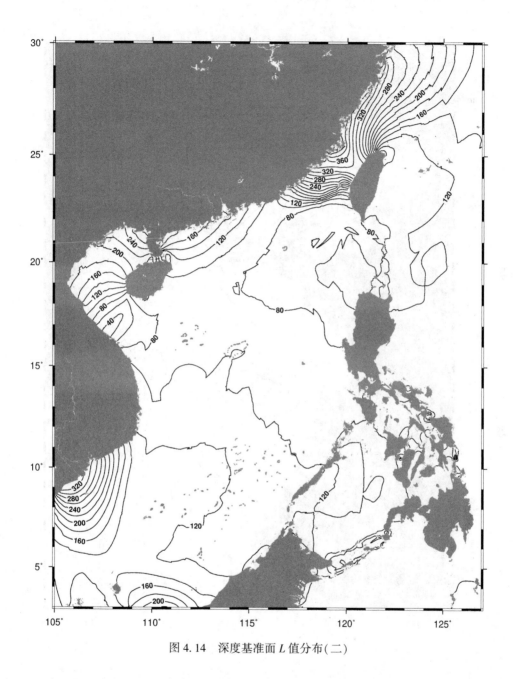

图 4.14　深度基准面 L 值分布(二)

　　略最低低潮面比值法假设略最低低潮面与理论最低潮面的比值(后续简称比值)在相邻站处相等。因此,该方法的传递精度取决于比值的一致性。比值的空间变化越平缓、空间尺度越大,则适用性越好。利用精密潮汐模型(详见 5.3 小节)计算各网格点处的略最低低潮面,进而结合深度基准面模型(许军,等,2020)计算各网格点处的比值,比值的空间分布如图 4.15 与图 4.16 所示。

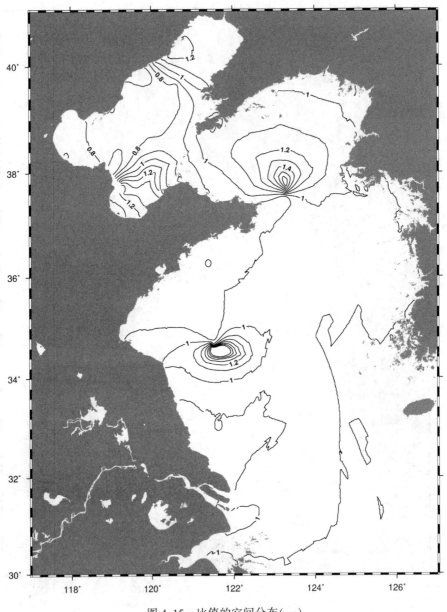

图 4.15　比值的空间分布(一)

　　由图 4.15 与图 4.16 可看出，比值在空间上的复杂分布，使得传递误差在空间上并不是均匀分布的，适用性在空间上存在差异。因比值法的传递精度完全取决于站间比值的一致性，故不要求站间的潮汐类型相似，也不能以距离或潮汐类型相似性作为判断比值法适用性的标准，而图 4.15 和图 4.16 可作为判断的参考。

　　在实践应用中，短期站的略最低低潮面是由短期实测水位数据，经潮汐分析获得主要分潮调和常数后按式(4.43)计算的。潮汐分析的精度与水位数据时长有关，数据时长越

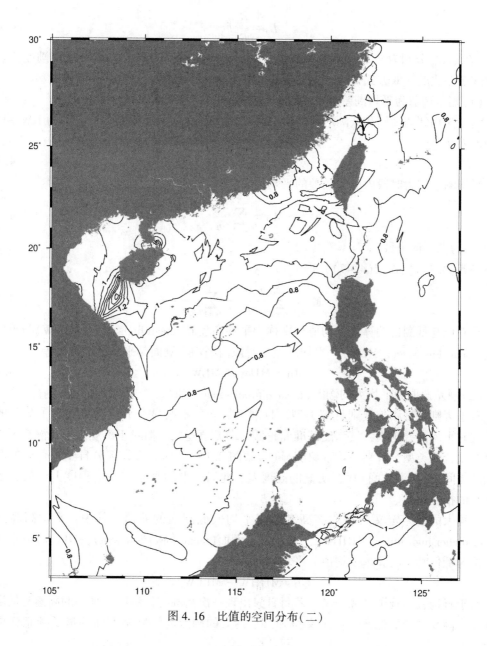

图 4.16 比值的空间分布(二)

短,调和常数的精度与稳定性越低,进而略最低低潮面以及传递精度也就越低。中国沿岸典型验潮站统计表明:随着同步时长的增大,传递误差的变化幅度在减小,同步时长达到 7 天时,传递误差可认为已较稳定(许军,等,2017)。

4.3.3.3 潮差比法

理论最低潮面是理论上可能的最低潮面,故潮差越大,L 值应越大,潮差比法假设这种关系成线性比例关系,数学模型为

$$L_\mathrm{B} = \frac{R_\mathrm{B}}{R_\mathrm{A}} L_\mathrm{A} \tag{4.45}$$

式中，R_A、R_B 分别为两站的潮差。因此，该方法需要两站同步水位资料确定潮差比。按潮差或潮差比的选取方式，潮差比的具体实现分为以下几种：

（1）潮差选取为平均潮差（mean range of tide，Mn）。

潮差为相邻的高潮和低潮之间的水位高度差，若设高潮位和低潮位分别为 HW、LW，则潮差 R 为

$$R = \mathrm{HW} - \mathrm{LW} \tag{4.46}$$

平均潮差取为时段内所有潮差的平均值

$$\mathrm{Mn} = \sum_{i=1}^{n} \frac{R_i}{n} \tag{4.47}$$

式中，n 为潮差的个数。

将式(4.46)代入式(4.47)，得

$$\mathrm{Mn} = \sum_{i=1}^{n} \frac{\mathrm{HW}_i}{n} - \sum_{i=1}^{n} \frac{\mathrm{LW}_i}{n} \tag{4.48}$$

高潮位与低潮位的算术平均值分别称为平均高潮面（mean high water，MHW）与平均低潮面（mean low water，MLW）。平均潮差是时段内平均高潮面与平均低潮面的差值。

$$\mathrm{Mn} = \mathrm{MHW} - \mathrm{MLW} \tag{4.49}$$

（2）潮差选取为平均大的潮差（great diurnal range，Gt）。

对于规则半日潮与规则日潮类型，日潮不等现象不明显，平均潮差代表了潮差的大小，此时平均潮差越大，其深度基准面越低，即 L 值越大。但对于不规则半日潮与不规则日潮等混合潮类型，日潮不等现象明显（考察图 2.15），部分或大部分日子内每天的两次高潮潮位间（低潮潮位间）存在明显的高度差，此时，平均潮差在一定程度上已失去了潮差大小的指标意义。

平均大的潮差定义为平均高高潮面与平均低低潮面的差值，其中，平均高高潮面（mean higher high water，MHHW）、平均低低潮面（mean lower low water，MLLW）分别为高高潮位与低低潮位的算术平均值。平均大的潮差为

$$\mathrm{Gt} = \mathrm{MHHW} - \mathrm{MLLW} \tag{4.50}$$

对于日潮或不规则日潮类型，若每日只出现一次高潮与低潮时，唯一的高潮与低潮分别标识为高高潮与低低潮。由定义可知，平均大的潮差与深度基准面的最低潮意义更加符合。

（3）潮差比按最小二乘拟合法的数学模型计算，取为 γ，计算方法见 5.2.3 小节。

上述三种选取方式的前提条件都是 A、B 两站的潮汐类型相似，判断依据除潮汐类型数相近外，水位变化曲线应相似，重点是日潮不等特征。在实践应用时，两站在日潮不等现象方面应保持一致，特别是每日的高潮与低潮的个数应基本一致，且高高潮、低高潮、高低潮与低低潮等特征潮位的出现顺序应一致。

由水位变化规律知，在（规则或不规则）半日潮类型的大潮期间与（规则或不规则）日潮类型的回归潮期间，潮差明显大于其他时段，这更符合于深度基准面作为极限低潮面的

定义。因此,短期验潮站通常布设在大潮(回归潮)期间或包含大潮(回归潮)。利用大潮(回归潮)期间的平均潮差或平均大的潮差,由潮差比法传递确定深度基准面的精度将更高。大潮(回归潮)期间通常是指包含大潮(回归潮)的前后各一天,共计三天的时段。对于上述三种选取方式,是指只统计大潮(回归潮)期间的平均潮差或平均大的潮差、大潮(回归潮)期间同步水位由最小二乘拟合法计算的潮差比。

4.3.3.4 差分订正法

差分订正法是利用长期站的同步水位数据对短期站的调和常数实施差分订正,由订正后的调和常数计算理论最低潮面。步骤分为两步:

(1)由短期验潮站与其邻近长期站的同步水位数据,经潮汐分析分别获得两站同步期间的调和常数。由长期站的长期与同步期间的调和常数,对短期验潮站的调和常数实施差分订正。原理见 3.6.3 小节。

(2)利用长周期分潮空间分布尺度大的特点,直接引用长期站的长周期分潮调和常数,结合订正后的调和常数,按定义算法计算理论最低潮面。

差分订正法的关键在于第一步,因此,应用该方法需满足两个前提条件:

(1)数据条件:两站具有同步水位数据以及长期站的长期分析结果。通常要求同步时长能达到 15 天或以上,同步时长越长,订正的精度越高。

(2)调和常数差分订正的假设条件:两站的调和常数变化具有较强相关性和近似一致性。实践表明:相邻数十千米内的两站,若处于同一潮波系统,则一般是符合的。对于江河口等海域的站点,需要检测区域的适用性。

§4.4 平均大潮高潮面的确定

在我国,平均大潮高潮面是净空基准面,是灯塔光心、明礁、海上桥梁与悬空线缆等水上助航和碍航信息高度的起算参考面(暴景阳,等,2013e)。平均大潮高潮面还与海岸线定义有关,其与陆地的交线是海岸线的理论定义,是陆地与海洋的分界线。因此,平均大潮高潮面在海洋测绘中具有重要的地位。

在海图潮信表或其他相关潮信信息中,平均大潮高潮面的位置通常是以在深度基准面上的高度进行标识,该高度称为平均大潮升。以平均海面为界,大潮升可分解为深度基准面 L 值、平均大潮高潮面在平均海面上的高度。因此,平均大潮高潮面的确定是指确定其在平均海面上的高度。

4.4.1 平均大潮高潮面的定义

4.4.1.1 定义

平均大潮高潮面是一种潮汐基准面,其在海洋潮汐学中存在相应的定义,这是其定义的基础。在海洋潮汐学中,平均大潮高潮面定义为半日潮大潮期间高潮平均值所在的特征潮面。其量化表示称为平均大潮高潮位,习惯上也称为大潮平均高潮位。需注意的是,大潮是指在朔(初一)望(十五、十六)后二、三日,由于月球引起的潮和太阳引起的潮相加,达到半个月中的潮差最大,因此,大潮的概念只存在于半日潮占优的海域,通常是指潮汐类型为规则半日潮与不规则半日潮。

　　虽然中国海域是以(规则与不规则)半日潮类型为主，但在秦皇岛、旧黄河海口、海门湾至三都澳、雷州半岛、广西沿岸、西沙群岛、南沙群岛等海域以及成山头外海与苏北外海的局部海域为不规则日潮与规则日潮。平均大潮高潮面作为净高基准面以及海岸线定义基准面，其定义应覆盖所有潮汐类型海域。因此，大潮概念以及相应的平均大潮高潮面应扩展覆盖日潮海域。在半日潮占优的海域，潮差呈现规律性的变化，在朔望后数日内出现大潮，潮差达到半个月中的最大。大潮的周期为从朔(望)至望(朔)的半个朔望月。在日潮占优的海域，潮差也存在相似的规律性变化，只是该规律不再取决于月相，而是月球赤纬。当月球达到南或北最大赤纬后数日内出现回归潮，潮差达到半个月中的最大。回归潮的周期为月球从北(南)赤纬最大至南(北)赤纬最大的半个回归月。在潮汐强弱变化或潮差大小变化上，日潮海域的回归潮与半日潮海域的大潮都是指潮汐的极值状态，故日潮海域的回归潮有时也称为回归大潮，而半日潮海域的大潮有时也称为朔望大潮。因此，在海洋测绘应用中，可将海洋潮汐学中的"大潮"概念从仅为半日潮类型下的朔望大潮扩展包含日潮类型下的回归大潮，即"大潮"是指每月中规律性出现的潮差最大的现象。相应地，"平均大潮高潮面"扩展包含日潮类型下的平均回归潮高潮面，从而实现了平均大潮高潮面概念的完善。

　　通过大潮概念的扩展，平均大潮高潮面在不同潮汐类型海域由不同的特征潮位面替代：在半日潮占优海域是指传统上的平均大潮高潮面，而在日潮占优海域则是指传统上的平均回归潮高潮面。这是基于海洋潮汐学理论分析的概念扩展。需进一步细化平均大潮高潮面的特征潮位面替代方案，主要的影响因素是日潮不等现象。考察图2.17，不规则半日潮与不规则日潮等混合潮类型的日潮不等现象明显，在大潮或回归潮期间会出现低高潮显著低于高高潮的现象。平均大潮高潮面作为净空基准面，瞬时水位应甚少高于平均大潮高潮面。此时，选择大潮或回归潮期间的低高潮是不合理的。因此，平均大潮高潮面应定义为半日潮占优海域的平均大潮高高潮面、日潮占优海域的平均回归潮高高潮面。

4.4.1.2　统计算法

　　统计算法是指由实测水位数据或预报潮位，按潮位面的定义统计计算其量值。如平均大潮高潮位，选择每次大潮期间的高潮位，取算术平均值。每个大潮期通常是指大潮当日以及前后各一天，共计三天。按照平均大潮高潮面的定义，在半日潮、日潮占优的海域分别是指平均大潮高高潮面和平均回归潮高高潮面。因此，平均大潮高潮面的统计算法是指按潮汐类型统计计算平均大潮高高潮面或平均回归潮高高潮面在平均海面上的量值。

　　为了保证计算精度，实测水位数据的时长应达到多年，或者由长期分析的调和常数预报多年的潮位。以月为单位，基于实测水位或预报潮位的月报表，挑选确定大潮日期，取前后共计三天的高高潮。多年时段的算术平均统计结果，起算面转换至长期平均海面，取为长期站的平均大潮高潮面量值，即是长期平均海面起算的平均大潮高潮位。表4.2为中国沿岸部分长期验潮站，由至少连续19年的水位实测数据按统计算法计算的平均大潮高潮位MHWS。

表 4.2   **19 年以上长期实测数据统计结果**

验潮站	统计时段（年）	潮汐类型		统计结果	
		类型数	类型	大潮类型	MHWS(cm)
烟 台	1960—1978	0.32	规则半日潮	朔望	110.4
石臼所	1975—1997	0.35	规则半日潮	朔望	193.5
连云港	1975—1997	0.32	规则半日潮	朔望	225.7
吕 泗	1975—1996	0.19	规则半日潮	朔望	253.3
坎 门	1975—1997	0.28	规则半日潮	朔望	265.2
厦 门	1954—1997	0.33	规则半日潮	朔望	268.2
汕 尾	1975—1997	2.13	不规则日潮	朔望	80.4
闸 坡	1975—1997	1.17	不规则半日潮	朔望	151.4
北 海	1975—1997	4.10	规则日潮	回归潮	217.3
东 方	1975—1997	6.40	规则日潮	回归潮	127.6

4.4.2 平均大潮高潮面的稳定性与传递

4.4.2.1 平均大潮高潮面的稳定性

与平均海面、深度基准面类似，以不同时间尺度计算值的变化来描述平均大潮高潮面的稳定性。一个月存在两次回归潮大潮或朔望大潮，用于统计的高潮次数为 6 次或 12 次，此时，极有限的高潮次数不能消除余水位的影响，计算误差较大，并在长周期分潮的影响下呈现年周期性。随着时间尺度的增大，大潮及高潮次数增多，余水位和长周期分潮的影响得以削弱或消除，稳定性增强。

以相距约 70km 的连云港站与石臼所站为例，分别以 30 天与 1 年时长的水位数据按统计算法计算平均大潮高潮面，与 19 年水位数据计算结果的差异，代表了相应时间尺度平均大潮高潮面的稳定性或变化。30 天与 1 年时长的变化分别如图 4.17 至图 4.18 所示，单位为厘米。

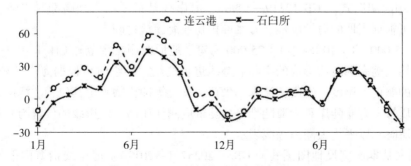

图 4.17 30 天时长的平均大潮高潮面变化

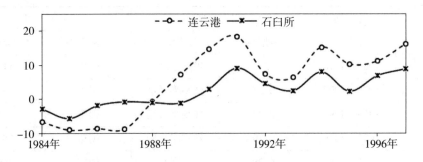

图 4.18　1 年时长的平均大潮高潮面变化

由图 4.17 与图 4.18 可看出：

(1)30 天时长水位数据计算的平均大潮高潮面，变化幅度较大，并呈现明显的年周期性。

(2)1 年时长水位数据计算的平均大潮高潮面，变化幅度明显减小，无明显的周期性。

(3)相邻站间的平均大潮高潮面变化呈现较强的一致性。

4.4.2.2　平均大潮高潮面的传递

由平均大潮高潮面的稳定性可知，短期验潮站的平均大潮高潮面应由邻近长期站传递确定，目前未见涉及平均大潮高潮面传递技术的研究成果。平均大潮高潮面是平均意义下的极限高潮面，具有一定的最高潮意义，因此可借鉴深度基准面传递技术。在深度基准面传递方法中，差分订正法是订正调和常数后再按定义计算理论最低潮面，不适用于平均大潮高潮面的统计算法，而略最低低潮面比值法与潮差比法可应用于平均大潮高潮面的传递。中国沿岸典型验潮站统计表明：略最低低潮面比值法与潮差比法传递平均大潮高潮面的精度与传递深度基准面的精度相当。

4.4.3　海岸线的定义

在测绘相关的国家规范与行业标准中，我国的海岸线定义为：

(1)《海道测量规范》(GB 12327—1998)：海岸线以平均大潮高潮时所形成的实际痕迹进行测绘。

(2)《中国海图图式》(GB 12319—1998)：海岸线是指平均大潮高潮时水陆分界的痕迹线。一般可根据当地的海蚀阶地、海滩堆积物或海淀植物确定。

(3)《1∶5 000、1∶10 000、1∶25 000 海岸带地形图测绘规范》(CH/T 7001—1999)：海岸线以平均大潮高潮时所形成的实际痕迹线进行测绘。测绘时可根据海岸的植被边线、土壤和植被的颜色、温度、硬度，流木、水草、贝壳等冲积物确定其位置。海岸线应区分石质带、土质带、有滩陡岸和无滩陡带等。陡带应测注比高。海岸线的位置与其他地物的位置发生矛盾时，以平均大潮高潮线表示。

(4)《国家基本比例尺地图图式》(GB/T 20257.1—2017)：海岸线指海面平均大潮高潮时的水陆分界线。一般可根据当地的海蚀阶地、海滩堆积物或海淀植物确定。

(5)《水运工程测量规范》(JTS 131—2012)：海岸线按平均大潮高潮所形成的实际痕迹进行测绘。

上述规范或标准中，海岸线的定义详细程度虽不同，但都结合了两种定义方式：一是基于可视特征的定义，如海滩上冲积物、植物线等可见可辨别的特征痕迹，即痕迹岸线；二是基于潮汐基准面的定义，取平均大潮高潮面与海岸的交线，即平均大潮高潮线。

首先，两种定义方式并存是与测量技术发展相关的。最原始、传统的方法是野外人工实地测量，测量手段由光学仪器发展至全站仪、DGPS、RTK 等，在现场的依据只能是各种可见可辨别的特征，即痕迹岸线。随着遥感技术的发展，航天航空遥感成为大范围、快速获取海岸线位置与类型等信息的重要手段。早期受限于资料的分辨率，海岸线基本都直接取瞬时水边线，然后发展至干湿线、植物分界线等，或由潮位资料对水边线进行校正。而随着高分辨率的航空数字摄影测量(特别是基于无人机平台)与机载或船载 LiDAR 的发展与应用，可依据潮汐基准面的高程，基于等高线跟踪方法生成海岸线，取平均大潮高潮线。

其次，实际工作中还需考虑应用需求选择合适的定义。如针对海岸线保护与利用的海岸线测绘中，宜采用痕迹岸线，而且测量中还需关注于海岸线的类型：人工岸线以及砂质、淤泥、基岩等自然岸线。

第5章 水位改正数的计算

水位控制的主要目的是通过利用验潮站的水位观测数据，计算出每个测深点处在测深时刻相对于参考面的水位，将该水位值订正至瞬时水深以消除海洋潮汐的影响，因此，该水位值称为水位改正数或水位改正值。水位改正数的计算是以有限、离散的验潮站内插整个测区的水位变化。内插是基于对瞬时海面空间分布形态的某种假设，不同的假设或处理手段意味着不同的水位改正方法。我国长期采用苏联的三角分区（带）图解法及模拟法，谢锡君等（1988）将三角分带图解法改进为适用于计算机处理的时差法，刘雁春等（1992）提出了最小二乘拟合法。这三种水位改正方法都是将基于规定起算面（通常为深度基准面）的水位作为整体进行空间内插，可称之为传统水位改正方法。而现代水位改正方法主要包括两种：一是将水位的内插分为天文潮位的内插与余水位的传递，如基于潮汐模型与余水位监控法；二是基于 GNSS 定位技术的方法，常称为无验潮模式。

§5.1 水位数据预处理

在水深测量实践中，通常需布设数个短期验潮站，结合长期验潮站以实现对测区的水位控制。长期验潮站一般建有固定的验潮设施，验潮的精度、稳定性、可靠性都很高。而短期验潮站普遍采用水尺或便携式验潮仪，在仪器固定、滤波等方面易出现问题，需通过相应的处理以提高精度。

水位数据预处理的内容包括粗差探测与数据修复、零点漂移探测与修正、滤波等。采用的技术方法是基于余水位的空间相关性、平均海面变化的空间相关性等性质特征。

5.1.1 粗差探测与数据修复

5.1.1.1 粗差探测

粗差主要来源于水位读取、抄写和录入时的人为错误，仪器故障产生的较大误差，非常特殊的天气或海洋条件引起的不合理水位等。通常凭借作业人员的经验，由水位变化曲线的平滑性，通过对比前后水位来判断是否存在粗差。中国近海的潮差较大，一般能达到数米，因此粗差对水位曲线平滑性的影响不易正确判断，通常只能判断出量值很大的粗差。

按水位的组成，时变部分可分为天文潮位与余水位。天文潮位是时变的主体，主要分潮的调和常数按式（3.66）计算，是众多余弦项的叠加，故变化平滑。余水位是水位与天文潮位的差异部分，由式（3.6）计算，因此，粗差将被计入余水位中。余水位虽在时间上呈现短期非周期性，但量值范围相对小、空间相关性强。利用邻近站余水位变化相似的特征，采用对比多站同步余水位变化的方式将易于发现粗差。图 5.1 为连云港站与石臼所站某天的水位同步变化曲线，水位的时间间隔为 1 小时，单位为厘米。

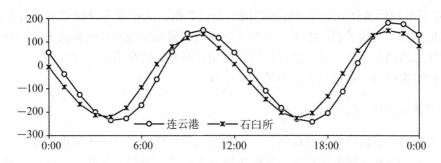

图 5.1　连云港站与石臼所站的水位同步变化曲线

由图 5.1 可以看出，连云港站与石臼所站在该天的潮差约为 5m，水位变化曲线平滑，但实际上在石臼所站的 10 时水位上，人为加入了 20cm 的粗差。图 5.2 为对应的余水位同步变化曲线，单位为厘米。

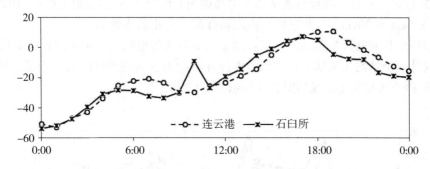

图 5.2　连云港站与石臼所站的余水位同步变化曲线

由图 5.2 可看出，余水位随时间的变化较连续，两站的余水位十分相似，呈现很强的空间一致性，因此易于发现粗差，可显著提高粗差探测的准确性和速度。

5.1.1.2　数据修复（数据插补）

人为的粗差通常呈现为个别、独立的粗大误差，而仪器故障产生的粗差可能存在于个别时刻，也可能呈现为一段时间数据的错误或缺测。对于个别、独立的粗差数据，实施数据修复；而对于一段时间内的缺测，则实施数据插补。

个别、独立的数据修复可采用两种方法：一是由前后水位数据拟合内插，如二次多项式拟合；二是潮汐预报叠加余水位拟合内插，由主要分潮的调和常数预报天文潮位，叠加上拟合内插的余水位。这两种方法都适用于计算机自动处理。若结合邻近站的余水位同步变化曲线，则可由前后余水位的变化规律以及邻近站的余水位变化，手工内插出余水位的修订量，对水位作相应的修订。如图 5.2 所示，易于从曲线判断出修订量约为 20cm。

一段时长的数据插补需按缺测的时长采用不同的方法：

（1）时长在 3 至 4 小时内，可采用数据修复的两种方法，由本站的水位数据实施插补。

（2）更长时间的插补需结合邻近站的同步水位数据，采用潮汐预报叠加邻近站余水位的方法实施插补。具体是指：由本站的主要分潮调和常数预报插补时刻的天文潮位，而余水位采用邻近站的余水位。该方法可行的前提条件是站间的余水位一致性强，需由同步时段的余水位实施评估，原理与方法参见 5.4 小节。

5.1.2　零点漂移探测与修正

自容式压力验潮仪是海上布设站的常用验潮设备，验潮仪加装于配重底座上，放置于水下。在海流、海水冲刷等影响下，底座可能发生移动、倾斜或沉降等。这对于潮位观测而言，意味着验潮的水位零点在垂直位置上发生了变动，称为零点漂移。

对于岸边布设的验潮仪，可设置水尺，定期同步观测水位，通过对比水尺与验潮仪的同步水位来确定验潮仪的零点漂移以及修正量。对于离岸海上布设的验潮仪，需结合邻近站的同步水位，利用日平均海面变化与余水位变化的空间相关性，通过对比各站日平均海面与余水位的同步变化曲线，检测水位零点变动情况。以烟台海域的某次验潮为例，八角站为设置的短期验潮站，烟台西港站和芝罘岛站为其两侧邻近的长期验潮站，相距八角站分别约为 5.5km 和 30km。八角站的零点漂移探测与修正的步骤如下：

（1）以两个长期站为基准站，由同步改正法等方法传递确定八角站的长期平均海面。

（2）统计三个站同步期间的日平均海面，并转换为各站的平均海面日距平。同步期的平均海面日距平同步变化曲线如图 5.3 所示，单位为厘米。

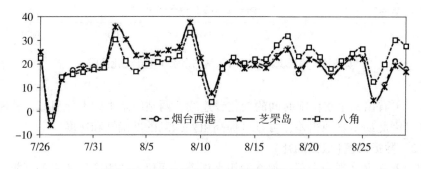

图 5.3　三站的平均海面日距平同步变化曲线

由图 5.3 可看出，烟台西港站与芝罘岛站的平均海面日距平变化基本一致，反映了两站的水位零点十分稳定以及区域内平均海面日距平变化具有很强的一致性。八角站的日距平变化趋势与两长期站基本一致，但其变化曲线约从 8 月 2 日开始与长期站的变化曲线分离，说明八角站的水位零点出现了漂移，而且由图 5.3 可看出漂移量是在随时间变化的。

（3）计算三站的余水位，由余水位同步变化曲线可进一步明确水位零点变动发生的时刻。以图 5.3 中判断出的水位零点出现漂移的 8 月 2 日为例，1 日与 2 日的余水位同步变化曲线如图 5.4 所示, 单位为厘米。

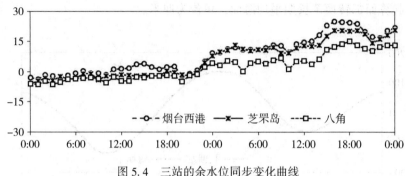

图 5.4　三站的余水位同步变化曲线

由图 5.4 可看出, 八角站的水位零点从 1 日的 22 时开始出现漂移。类似地, 对图 5.3 中日距平变化的各节点, 由余水位同步变化曲线精确确定对应时刻, 两者相结合确定该时刻的修正量。

(4)由各时间节点处(可按需增加节点)的修正量, 内插出所有观测时刻处的零点漂移修正量, 并实施修正。

(5)重新传递确定八角站的长期平均海面以及计算余水位, 检查修正的正确性。图 5.5 为八角站零点漂移修正后的平均海面日距平变化曲线, 单位为厘米。

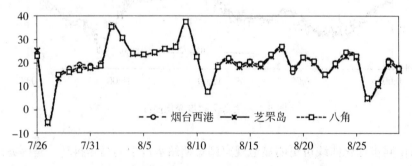

图 5.5　三站的平均海面日距平同步变化曲线

对照图 5.5 与图 5.3 可看出, 八角站零点漂移修正后的平均海面日距平与邻近两个长期验潮站保持基本一致, 可认为已正确可靠地实施了零点漂移探测与修正。

5.1.3　滤波

水位观测是测量验潮站点处海面的整体升降, 需滤除高频的波浪影响。长期验潮站一般建有验潮井, 具有可靠、良好的滤波性能。短期验潮站采用水尺与验潮仪直接测量海面变化, 滤波性能相对不足, 水位观测值仍叠加了波浪变化影响, 特别是在气象条件较恶劣的时候。因此在水位数据预处理时, 需对水位数据进行平滑滤波。

以某海岛的验潮站为例简述滤波的必要性以及方法。岛上建有长期验潮站，在其附近设置短期验潮站，以自容式压力验潮仪同步验潮。图 5.6 为两站某天的水位同步变化曲线，水位的起算面都转换至长期平均海面，单位为厘米。

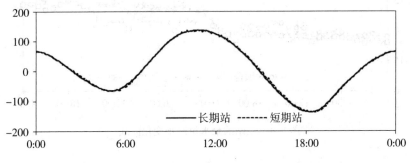

图 5.6   水位同步变化曲线

由图 5.6 可看出，两站的水位变化一致，短期站的观测水位存在着抖动。图 5.7 为对应的余水位变化曲线，单位为厘米。

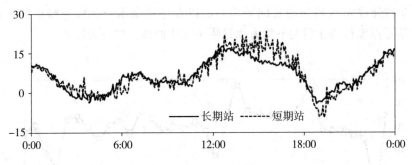

图 5.7   余水位同步变化曲线

由余水位同步变化曲线可更明显地观察到短期站水位中的高频抖动，是因滤波性能不足而残留的波浪影响。由此对比可知，短期站的水位数据应进行必要的滤波平滑。

水位数据的滤波可采用两种方法：一是直接对水位数据进行拟合平滑；二是对余水位进行拟合平滑，再重新叠加天文潮位组合成水位。拟合可采用二次多项式，对于每个观测时刻，取其前后一段时间为拟合区间，由拟合区间内的水位或余水位按最小二乘原理确定出二次多项式，进而由二次多项式计算出水位或余水位。

以需拟合水位的观测时刻为中心，选取一定大小的拟合区间，以拟合区间内的水位或余水位确定二次多项式，实现的原理与步骤详见附录 B。拟合区间的选取与水位观测间隔有关，原则是既能可靠求解出多项式系数，又能只去除高频抖动而不过度平滑。如观测间隔为 1 小时，拟合区间为前后各 2~3 小时；如观测间隔为 5 分钟或 10 分钟，拟合区间为前后各 30 分钟。若日潮不等现象明显且观测间隔为 1 小时，建议采用平滑余水位的方法，以保证在涨潮或落潮时间很短的高低潮处不过度平滑。

对短期站水位，按上述原理对余水位实施滤波平滑，滤波前后的余水位变化曲线如图5.8所示，单位为厘米。

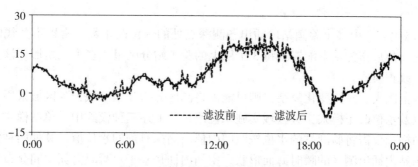

图5.8 滤波前后的余水位变化曲线

由图5.8可看出，余水位中的高频抖动已被可靠地消除，滤波前后的整体变化趋势保持一致。将滤波后的余水位叠加至天文潮位，组合成滤波后的水位。

5.1.4 预处理步骤汇总

前述是粗差探测与数据修复、零点漂移探测与修正、滤波等的基本原理与方法，水位数据预处理的步骤汇总如下：

(1)按验潮站水位数据的时间长度，选择合适的潮汐分析方法实施潮汐分析，获得主要分潮的调和常数。需注意邻近站间主要分潮个数基本一致，若长期站存在长期潮汐分析结果，则短期站的潮汐分析应引入长期站的差比关系，实施差分订正，并引用长期的长周期分潮调和常数。

(2)采用水准联测法、同步改正法或回归分析法，传递确定短期站的平均海面。

(3)由主要分潮的调和常数预报各水位对应时刻的潮位，按式(3.6)计算余水位。

(4)由余水位同步变化曲线实施粗差探测，对个别、独立的粗差进行数据修复。对一段时间的连续错误数据直接删除，标注为缺测数据，但暂不插补。

(5)统计各站的平均海面日距平，由日距平与余水位的同步变化曲线，对短期站实施零点漂移探测与修正。

(6)对短期站重新实施潮汐分析、传递确定平均海面以及计算余水位，必要时实施滤波。

(7)对于缺测数据，由邻近站的同步余水位数据实施数据插补。

§5.2 传统水位改正方法

传统水位改正方法是将基于规定起算面(通常为深度基准面)的水位作为整体进行空间内插，内插出每个测深点处在测深时刻的水位改正数。按测区的范围以及潮汐变化的复杂程度，采用不同的验潮站空间配置实施水位改正，分为以下三种基本模式：

（1）单站模式：以一个验潮站的水位代替整个区域的水位，适用于潮汐变化十分平缓、范围小的测区。

（2）带状模式：由两个验潮站内插出连线上各测深点处的水位改正数，适用于航道等测区。

（3）区域模式：由多个验潮站内插出各测深点处的水位改正数，常以不共线的 3 个验潮站组成的三角形作为基本配置，将 3 个以上的验潮站分区组成多个三角形。该模式是最常用的水位改正模式。

若测区范围大、潮汐变化复杂，则可能需将测区分为几个区域，各区域采用不同的验潮站配置以及水位改正模式，分区域实施水位改正。上述三种模式中，单站模式不涉及水位的空间内插，仅需将验潮站的水位按时间内插出测深时刻的水位值。其他两种模式需以离散的验潮站内插出测区的瞬时海面形状。空间内插是基于对瞬时海面空间分布形状的某种假设，不同的假设或处理手段意味着不同的水位改正方法。我国长期采用苏联的三角分区（带）法，后续在此基础上发展提出了时差法与最小二乘拟合法。

5.2.1　三角分区（带）法

三角分区（带）法又分为两站分带法与三站分区法，其中两站分带法是基础。

5.2.1.1　两站分带法

两站分带法是带状水位改正模式，是由两个验潮站内插测区的水位改正数。其假设条件是：两站之间的水位传播均匀，潮差和潮时的变化与距离成比例。以 A、B 两站为例，首先应满足两站的水位变化相似，如图 5.9 所示为两站水位同步变化曲线，起算面为深度基准面，单位为厘米。

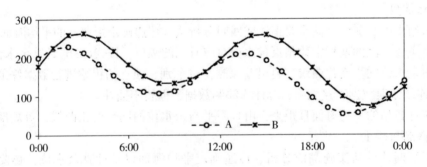

图 5.9　两站水位同步变化曲线

如图 5.9 所示，两站的水位变化相似是指水位曲线的变化特征一致，A 站的水位经放大（或缩小）以及平移后与 B 站水位应基本一致。其次，水位变化在两站之间是按距离均匀变化的。以图 5.9 为例，在 A 站至 B 站的方向上，水位按距离均匀放大且均匀平移，即为满足分带法的假设条件。

理论上，依水位按距离均匀变化的假设可内插出两站间任意一点处水位变化曲线，但早期手工作业模式下，只在两站间内插出数个点处的水位，称为虚拟站。以手工图解法为例，将 A、B 站基于深度基准面的水位绘制在毫米方格纸上，图 5.10 为在 A、B 两站间内插出 4 个虚拟站水位的示意图。

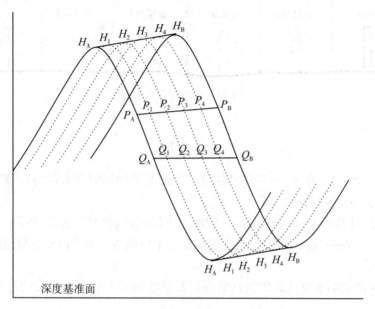

图 5.10   两站间内插虚拟站水位的示意

参照图 5.10，中间 4 个虚拟站的水位内插过程可描述为：在水位曲线的高(低)潮处，将两站高(低)潮连成直线，平分为 5 等份，如图中 H_A、H_B 之间等分内插出 H_1、H_2、H_3 与 H_4；在高潮与低潮的中间，绘平行于深度基准面的短线，平分为 5 等份，如图中 Q_A、Q_B 之间等分内插出 Q_1、Q_2、Q_3 与 Q_4；而在两短线的中间，等分线从与高(低)潮连线接近平行逐渐过渡至与深度基准面平行，如图中 P_A、P_B 之间等分内插出 P_1、P_2、P_3 与 P_4。最后在保持水位曲线趋势相似的原则下，将各内插点分别连接为平滑的水位曲线。由毫米方格可读取出虚拟站在各时刻的水位值。

虚拟站均匀分布于 A、B 两站之间，与 A、B 两站一起计算任意点处的水位改正数。计算方法是每个站附近一定范围内视为一个分带，分带内采用单站模式计算水位改正数，即分带内任意点在同一时刻的水位值都与验潮站(或虚拟站)一致。图 5.11 为 A、B 两个验潮站与 4 个虚拟站的分带示意图。

以图 5.11 中的"3 带"为例，按分带法的原理，以"虚拟站 3"基于单站模式实施水位改正，该分带的水位改正中任意点处的水位被认为与"虚拟站 3"的水位一致，或者说，同一分带内的水位值假设在同一时刻为同一值。因此，同一时刻水位在整个空间上不是连续分布的，分带之间呈阶梯状。

虚拟站的数目取决于分带数，图 5.11 中分带数为 5，相应的虚拟站数为 4。分带数取决于 A、B 两站水位间的差异以及测深精度要求，由下式计算

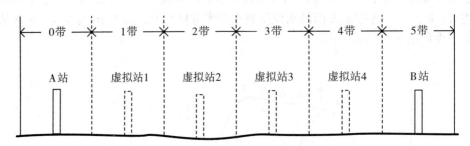

图 5.11　两站分带的示意

$$K = \frac{2\Delta\zeta}{\delta_z} \tag{5.1}$$

式中，K 为分带数；$\Delta\zeta$ 为 A、B 两站从深度基准面起算的同时刻水位间的最大差异，称为最大潮高差；δ_z 为测深精度指标。

由式(5.1)计算的 K 向大值取整，以保证相邻分带间同时刻水位的最大差异不超过测深精度指标 δ_z。两站间内插出 $K-1$ 个虚拟站的水位曲线。基于两站分带法的原理，实施步骤总结如下：

(1) A、B 两站的水位经必要的预处理以及基准面确定后，将水位的起算面转换为深度基准面。

(2) 由两站的同步水位数据，统计同步期间的最大潮高差 $\Delta\zeta$。

(3) 选取合适的测深精度指标 δ_z，按式(5.1)计算分带数 K。

(4) 按图 5.10 的原理，两站间内插出 $K-1$ 个虚拟站的水位曲线。

(5) 按图 5.11 的原理，确定出分带，分带的界线方向与水位传播方向垂直。

(6) 按测深点的位置确定所在的分带，由分带内验潮站或虚拟站的水位拟合内插出测深时刻的水位值，即为水位改正数。

5.2.1.2　三站分区法

两站分带法是一种带状水位改正模式，假设分带界线方向上水位无传播变化。精度更高的做法是在界线方向增加验潮站，三个验潮站在空间上组成三角形，在两站间分带的基础上将三角形进行分区。三站分区法的假设条件是：相邻两站之间的水位传播均匀，潮差和潮时的变化与距离成比例。图 5.12 为三站分区法的示意，图中 A、B、C 为验潮站，其他站为虚拟站。

参照图 5.12，三站分区法内插虚拟站以及分区的原理简述如下：

(1) 在 A 与 B、A 与 C、B 与 C 之间，分别按两站分带法进行分带并内插出虚拟站水位。如图 5.12 所示：①A 与 B 间的分带数为 6，内插出 5 个虚拟站，分别为 AB_1、AB_2、AB_3、AB_4 与 AB_5；②A 与 C 间的分带数为 3，内插出 2 个虚拟站，分别为 AC_1、AC_2；③B 与 C 间的分带数为 3，内插出 2 个虚拟站，分别为 BC_1、BC_2。

(2) 由 ABC 三角形各边上的验潮站与虚拟站，分别按分带数确定各分带的分界点。将相邻边上的分界点按顺序依次相连，如图 5.12 中三角形中的内实线。实线将三角形分为

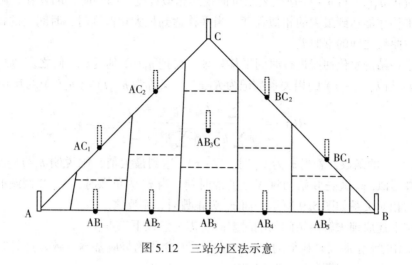

图 5.12　三站分区法示意

多个分区，每个分区两端是三角形边上的验潮站或虚拟站。

（3）对实线切分出的每个分区，在两端验潮站或虚拟站间，进一步按两站分带法进行分带并内插出虚拟站水位。如图 5.12 中虚线将分区进一步分割为更小的分区。如 AC_1 站与 AB_1 站间分带数为 1，则以两站中间为界分为两个分区；而 C 站与 AB_3 站间分带数为 2，则需进一步内插出虚拟站 AB_3C，分为三个分区。

（4）按测深点的位置确定所在的分区，由分区内验潮站或虚拟站的水位拟合内插出测深时刻的水位值，即为水位改正数。

与两站带状模式相类似，同一分区内的水位值假设在同一时刻为同一值。因此，同一时刻水位在整个空间上不是连续分布的，分区之间呈阶梯状。

5.2.2　时差法

时差法是利用相邻站的同步水位数据求解站间的潮时差，通过空间内插潮时差而实现水位的空间内插。其假设条件与三角分区（带）法相同：相邻两站之间的水位传播均匀，潮差和潮时的变化与距离成比例。

5.2.2.1　两站间潮时差的求解

求解两站间的潮时差是时差法的关键步骤，基本原理是将相邻两站的水位视为信号，运用数字信号处理技术中的互相关函数，求得两站间的潮时差。设 A、B 两站的水位分别记为 $h_A(t)$ 与 $h_B(t)$，同步时段内存在 n 个同时刻的水位，记为 $t_i(i=1,\cdots,n)$。两水位曲线的相似程度可由水位采样值序列的相关系数 R 来量化，由下式计算

$$R = \frac{\sum_{i=1}^{n} h_A(t_i) h_B(t_i)}{\sqrt{\sum_{i=1}^{n} h_A^2(t_i) \sum_{i=1}^{n} h_B^2(t_i)}} \tag{5.2}$$

相关系数 R 的绝对值在 0 至 1 之间，$|R|$ 越接近 1，表示两曲线的相似度越高。故 R

的大小是量化 $h_A(t)$ 与 $h_B(t)$ 所代表水位曲线的相似程度。因潮时差的存在，两站水位曲线需进行平移才能达到最大的相似程度。当平移达到最大相似度时，时间上的相对平移量即为两水位曲线之间的潮时差。

对其中一站的水位曲线进行时间平移处理，设把 $h_B(t)$ 延迟 τ，使之变为 $h_B(t-\tau)$。此时，$h_A(t)$ 与 $h_B(t-\tau)$ 的相关系数记为 $R(\tau)$，又称为 $h_A(t)$ 与 $h_B(t)$ 的互相关函数：

$$R(\tau) = \frac{\sum h_A(t_i) h_B(t_i - \tau)}{\sqrt{\sum h_A^2(t_i) \sum h_B^2(t_i - \tau)}} \tag{5.3}$$

$R(\tau)$ 是 τ 的函数，若当 τ 为 τ_0 时，$|R(\tau)|$ 达到最大值，则说明 $h_B(t)$ 延迟 τ_0 后，与 $h_A(t)$ 最相似，τ_0 就是 B 站相对 A 站的潮时差。当 τ_0 为负数时，A、B 两站的水位曲线在时间上的相对关系如图 5.9 所示，而 τ_0 为正数时，则反之。

在应用上述原理求解两站间的潮时差时，需注意以下三点：

(1)两站的水位曲线是相似的，经过平移后的变化趋势应基本一致。这是时差法必须满足的前提条件，与三角分区(带)法相同。

(2)设水位观测的时间间隔为 Δt，一般为 5 分钟、10 分钟或 1 小时等，若直接由观测水位序列作为水位采样值 $h_A(t_i)$ 与 $h_B(t_i)$，则平移的最小间隔为 Δt，求解潮时差的误差过大。因此，需对观测水位序列进行加密，可采用拟合内插的方法，参见附录 B。

(3)水位是众多周期分潮以及非周期余水位的组合，因此，两站间的潮时差不是固定值，需按测深时刻选取时段进行求解，如以测深时刻为中心的一天同步水位数据进行求解。

5.2.2.2　两站带状模式

如图 5.13 所示，A 与 B 为验潮站，两站间的直线距离为 R_{AB}；P 为任一测深点，在两站连线上的垂足至两站的距离分别为 R_{AP} 与 R_{BP}；测深时刻记为 t。

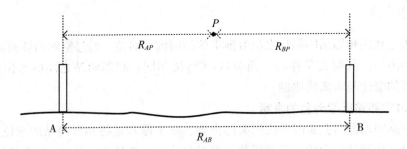

图 5.13　两站带状模式示意

首先，取 A 站为基准站，由两站同步水位按时差法原理求解出 B 站相对于 A 站的潮时差 τ_{AB}。因假设潮时在两站间与距离成比例地均匀变化，故可按距离线性内插出 P 点处相对 A 站的潮时差 τ_{AP}：

$$\tau_{AP} = \tau_{AB} \cdot \frac{R_{AP}}{R_{AB}} \tag{5.4}$$

其次，计算 P 点测深时刻 t 相对应的 A 站、B 站同相时刻，设为 t_A、t_B，按水位曲线间的潮时差关系，得

$$t_A = t + \tau_{AP}$$
$$t_B = t_A - \tau_{AB} = t + \tau_{AP} - \tau_{AB} \tag{5.5}$$

最后，假设 P 点、A 站、B 站的同相潮高 $h_P(t)$、$h_A(t_A)$、$h_B(t_B)$ 与距离成比例，如图 5.14 所示，以 A 站为基准构建坐标系，横轴为相对 A 站的距离 R，纵轴为同相潮高 h。

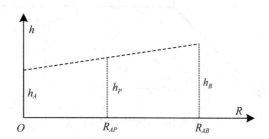

图 5.14　同相潮高按距离线性内插

由图 5.14 易得

$$\frac{h_P(t) - h_A(t_A)}{R_{AP}} = \frac{h_B(t_B) - h_A(t_A)}{R_{AB}} \tag{5.6}$$

将式(5.5)代入式(5.6)，整理得测深点 P 的水位改正数 $h_P(t)$：

$$h_P(t) = h_A(t + \tau_{AP}) + \left[h_B(t + \tau_{AP} - \tau_{AB}) - h_A(t + \tau_{AP}) \right] \cdot \frac{R_{AP}}{R_{AB}} \tag{5.7}$$

时差法以潮时差描述水位在空间上的变化，而潮差的变化是通过式(5.7)的形式而顾及。

5.2.2.3　多站区域模式

以不共线的 3 个验潮站为例，如图 5.15 所示，A、B 与 C 为验潮站，P 为任一测深点，测深时刻记为 t。

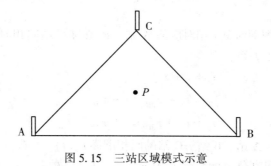

图 5.15　三站区域模式示意

首先，取 A 站为基准站，由同步水位数据按时差法原理分别求解出 B、C 站相对于 A

站的潮时差 τ_{AB}、τ_{AC}。因假设潮时在空间上均匀变化，故可假设潮时差呈平面分布。如图 5.16 所示，以 A 站为时差基准构建 $xy\tau$ 空间直角坐标系，三个验潮站处的坐标分别为 $A(x_A,\ y_A,\ 0)$、$B(x_B,\ y_B,\ \tau_{AB})$ 与 $C(x_C,\ y_C,\ \tau_{AC})$，其中，x、y 为其位置坐标。

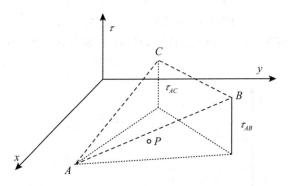

图 5.16　三站线性内插示意

这里将利用空间几何中过不共线三点确定平面方程的原理，简述如下。在 xyz 空间直角坐标系中过不共线三点 $(x_1,\ y_1,\ z_1)$、$(x_2,\ y_2,\ z_2)$ 与 $(x_3,\ y_3,\ z_3)$ 的平面方程可设为

$$ax + by + cz + d = 0 \tag{5.8}$$

式中，a、b、c 与 d 为方程的系数。将三点的坐标代入式(5.8)，可推导出系数为

$$
\begin{aligned}
a &= (y_2 - y_1)(z_3 - z_1) - (y_3 - y_1)(z_2 - z_1) \\
b &= (x_3 - x_1)(z_2 - z_1) - (x_2 - x_1)(z_3 - z_1) \\
c &= (x_2 - x_1)(y_3 - y_1) - (x_3 - x_1)(y_2 - y_1) \\
d &= -ax_1 - by_1 - cz_1
\end{aligned}
\tag{5.9}
$$

对于平面上的任一点 $P(x_P,\ y_P,\ z_P)$，若 x_P、y_P 已知，则由式(5.8)可得

$$z_P = -\frac{ax_P + by_P + d}{c} \tag{5.10}$$

将式(5.9)代入上式可得 z_P 的解析表达式。

利用上述原理，由 A、B、C 三点坐标求解出所在平面的方程，进而求解出 P 点处相对于 A 站的潮时差 τ_{AP}。

其次，计算 P 点测深时刻 t 相对应的 A 站、B 站与 C 站同相时刻，设为 t_A、t_B、t_C，按水位曲线间的潮时差关系，得

$$
\begin{aligned}
t_A &= t + \tau_{AP} \\
t_B &= t_A - \tau_{AB} = t + \tau_{AP} - \tau_{AB} \\
t_C &= t_A - \tau_{AC} = t + \tau_{AP} - \tau_{AC}
\end{aligned}
\tag{5.11}
$$

最后，假设 P 点、A 站、B 站、C 站的同相潮高 $h_P(t)$、$h_A(t_A)$、$h_B(t_B)$、$h_C(t_C)$ 呈平面分布，构建 xyh 空间直角坐标系，由 $A(x_A,\ y_A,\ h_A)$、$B(x_B,\ y_B,\ h_B)$、$C(x_C,\ y_C,\ h_C)$ 三点坐标求解出所在平面的方程，进而求解出 P 点处的水位改正数 $h_P(t)$。

在两站带状模式与多站区域模式中，时差法是将潮时差以及同相潮高都按直线或平面

进行空间内插至任一测深点的测深时刻,因此,时差法的同时刻水位在整个测区空间上是连续分布的。这是时差法相对于三角分区(带)法的重要改进。

5.2.3 最小二乘拟合法

最小二乘拟合法在时差法以潮时差为参数描述水位关系的基础上,增加了潮差比与基准面偏差等参数,并采用最小二乘拟合逼近技术求解参数,通过空间内插三个参数而实现水位的空间内插。

5.2.3.1 基本原理

设 A、B 两站的水位分别记为 $h_A(t)$ 与 $h_B(t)$,则两站同步水位之间的关系描述为

$$h_B(t) = \gamma h_A(t + \delta) + \varepsilon \tag{5.12}$$

式中,γ 为放大或收缩比例因子,定义为潮差比;δ 为水平移动因子,定义为潮时差;ε 为垂直移动因子,定义为基准面偏差。三者统称为潮汐比较参数。如图 5.17 所示。

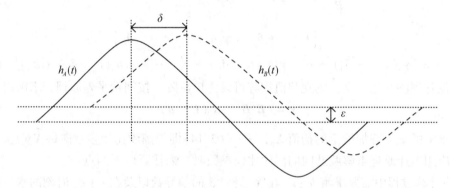

图 5.17　最小二乘拟合法中的水位关系示意

结合图 5.17,式(5.12)对两站水位关系的描述为:A 站的水位曲线经平移(潮时差)、放大或缩小(潮差比)、垂直升降(基准面偏差)后与 B 站的水位曲线相同。因此,最小二乘拟合法必须满足的前提条件是两站水位曲线相似,与三角分区(带)法和时差法相同。

5.2.3.2 潮汐比较参数的求解

拟求解的潮汐比较参数组成未知参数向量

$$\hat{X} = \begin{bmatrix} \hat{\gamma} & \hat{\delta} & \hat{\varepsilon} \end{bmatrix}^T \tag{5.13}$$

式(5.12)为最小二乘拟合法的数学模型,是潮汐比较参数的非线性方程,需实施线性化。设参数向量 $\hat{X}$ 的初值为 X_0,X_0 是给定的已知初值,$\hat{X}$ 与 X_0 的差值用 $\hat{x}$ 表示,则有

$$\hat{X} = X_0 + \hat{x} \tag{5.14}$$

式中

$$X_0 = \begin{bmatrix} \gamma_0 & \delta_0 & \varepsilon_0 \end{bmatrix}^T \tag{5.15}$$

$$\hat{x} = \begin{bmatrix} \Delta\gamma & \Delta\delta & \Delta\varepsilon \end{bmatrix}^T \tag{5.16}$$

将式(5.12)按泰勒级数展开,得

$$h_B(t) = \gamma_0 h_A(t + \delta_0) + \varepsilon_0 + h_A(t + \delta_0) \cdot \Delta\gamma + \gamma_0 h'_A(t + \delta_0) \cdot \Delta\delta + \Delta\varepsilon \quad (5.17)$$

式中，$h'_A(t + \delta_0)$ 为 $h_A(t)$ 在 $\boldsymbol{X}_0$ 处对 δ 的偏导数。

按间接平差原理，将式(5.17)转为观测方程形式

$$h_B(t) + v = [\,h_A(t + \delta_0) \quad \gamma_0 h'_A(t + \delta_0) \quad 1\,]\hat{\boldsymbol{x}} + \gamma_0 h_A(t + \delta_0) + \varepsilon_0 \quad (5.18)$$

设同步时段内 n 个时刻的水位，记为 $t_i (i = 1, 2, \cdots, n)$。每个时刻构建如式(5.18)的观测方程。根据间接平差的原理，观测方程组形式为

$$\boldsymbol{L} + \boldsymbol{V} = \boldsymbol{B}\hat{\boldsymbol{x}} + \boldsymbol{d} \quad (5.19)$$

式中，$\hat{\boldsymbol{x}}$ 为待求未知参数向量，如式(5.16)所示。其他各向量为

$$\boldsymbol{L} = [\,h_B(t_1) \quad h_B(t_2) \quad \cdots \quad h_B(t_n)\,]^\mathrm{T} \quad (5.20)$$

$$\boldsymbol{V} = [\,v_1 \quad v_2 \quad \cdots \quad v_n\,]^\mathrm{T} \quad (5.21)$$

$$\boldsymbol{B} = \begin{bmatrix} h_A(t_1 + \delta_0) & \gamma_0 h'_A(t_1 + \delta_0) & 1 \\ h_A(t_2 + \delta_0) & \gamma_0 h'_A(t_2 + \delta_0) & 1 \\ \vdots & \vdots & \vdots \\ h_A(t_n + \delta_0) & \gamma_0 h'_A(t_n + \delta_0) & 1 \end{bmatrix} \quad (5.22)$$

$$\boldsymbol{d} = [\,\gamma_0 h_A(t_1 + \delta_0) + \varepsilon_0 \quad \gamma_0 h_A(t_2 + \delta_0) + \varepsilon_0 \quad \cdots \quad \gamma_0 h_A(t_n + \delta_0) + \varepsilon_0\,]^\mathrm{T} \quad (5.23)$$

假设各观测互相独立，则观测值权阵可设为单位阵。按间接平差原理，求解得

$$\hat{\boldsymbol{x}} = (\boldsymbol{B}^\mathrm{T}\boldsymbol{B})^{-1}\boldsymbol{B}^\mathrm{T}(\boldsymbol{L} - \boldsymbol{d}) \quad (5.24)$$

在求解的 $\hat{\boldsymbol{x}}$ 上叠加给定的初值 $\boldsymbol{X}_0$，按式(5.14)即得潮汐比较参数向量 $\hat{\boldsymbol{X}}$。

在应用上述原理求解两站间的潮汐比较参数时，需注意以下四点：

(1)计算过程中需要求解 $h_A(t)$ 在 $\boldsymbol{X}_0$ 处对 δ 的偏导数以及在 $t + \delta_0$ 时刻的水位值，因此，需对观测水位序列拟合，以差分方式近似求解偏导数并内插出水位值。拟合内插的方法可参见附录 B。

(2)实际计算中，需采用迭代法。初值取 $\gamma_0 = 1$、$\delta_0 = 0$ 和 $\varepsilon_0 = 0$，求解出 $\hat{\boldsymbol{X}}$，将其作为新的初值 $\boldsymbol{X}_0$，迭代计算直至 $\hat{\boldsymbol{x}}$ 中各量值小于设定的阈值。

(3)前提条件是两站的水位曲线是相似的，与时差法、三角分区(带)法相同。

(4)两站间的潮汐比较参数不是固定值，需按测深时刻选取时段进行求解，如以测深时刻为中心的一天同步水位数据进行求解。

5.2.3.3 水位改正数的计算

对于任一测深点 P，计算各站相对基准站的潮汐比较参数，将参数内插至该测深点处，其水位由基准站水位按测深时刻、相对于基准站的潮汐比较参数进行推算。潮汐比较参数的空间内插与时差法的原理一致，按两站带状模式与多站区域模式简述如下：

1. 两站带状模式

若取 A 站为基准站，由两站同步水位按最小二乘拟合法原理求解出 B 站相对于 A 站的潮汐比较参数 γ_{AB}、δ_{AB} 和 ε_{AB}。假设潮汐比较参数在两站间与距离成比例地均匀变化，参照图 5.13 与图 5.14，按下式内插出 P 点相对于 A 站的潮汐比较参数。

$$\begin{cases} \gamma_{AP} = 1 + \dfrac{(\gamma_{AB} - 1)R_{AP}}{R_{AB}} \\[2ex] \delta_{AP} = \dfrac{\delta_{AB} \cdot R_{AP}}{R_{AB}} \\[2ex] \varepsilon_{AP} = \dfrac{\varepsilon_{AB} \cdot R_{AP}}{R_{AB}} \end{cases} \tag{5.25}$$

测深点 P 处在测深时刻 t 的水位改正数 $h_P(t)$ 为

$$h_P(t) = \gamma_{AP} h_A(t + \delta_{AP}) + \varepsilon_{AP} \tag{5.26}$$

2. 多站区域模式

以不共线的 3 个验潮站为例，如图 5.15 所示，若取 A 站为基准站，由同步水位数据分别求解出 B、C 站相对于 A 站的潮汐比较参数。假设 3 个潮汐比较参数分别呈平面分布，参照图 5.16 以及式(5.8)至式(5.10)的原理分别内插出 P 点相对于 A 站的 3 个潮汐比较参数 γ_{AP}、δ_{AP} 与 ε_{AP}，最后由式(5.26)计算水位改正数 $h_P(t)$。

在两站带状模式与多站区域模式中，最小二乘拟合法是将 3 个潮汐比较参数按直线或平面进行空间内插至任一测深点，因此，同时刻水位在整个测区空间上是连续分布的。

§5.3 基于潮汐模型与余水位监控的水位改正法

三角分区(带)法、时差法与最小二乘拟合法等传统水位改正方法是直接将水位空间内插至测深点处，而基于潮汐模型与余水位监控的水位改正法是将水位分解为天文潮位和余水位，潮汐模型和验潮站分别内插天文潮位与余水位至测深点处，再重组为水位。因此，该方法与传统水位改正方法在基本原理上存在本质的差别。

5.3.1 基本原理

从深度基准面起算的水位 $h(t)$，不考虑观测误差，可分解表示为

$$h(t) = L + T(t)_{MSL} + R(t) \tag{5.27}$$

式中，L 为深度基准面 L 值；$T(t)_{MSL}$ 为从平均海面起算的天文潮位；$R(t)$ 为余水位。

任一测深点 P 在测深时刻 t 的水位改正数 $h_P(t)$，是由类似于式(5.27)的三部分组合而成，各部分计算原理如下：

1. 天文潮位 $T_P(t)_{MSL}$

从平均海面起算的天文潮位 $T_P(t)_{MSL}$ 由 P 点处的主要分潮调和常数按式(3.66)计算，而主要分潮调和常数来源于潮汐模型。潮汐模型是指网格化的调和常数数据集，每个网格点包含了主要分潮的振幅与迟角。如网格分辨率为 $1' \times 1'$，包含 13 个主要分潮的潮汐模型，是指在纬度方向与经度方向分别相距 $1'$ 的每个海域网格点上，都具有 13 个主要分潮的调和常数。按 P 点的坐标，由潮汐模型内插出该点处的调和常数。

2. 余水位 $R_P(t)$

余水位具有空间相关性强的特点，已应用于水位数据预处理的粗差探测与数据插补

中。P 点处的余水位 $R_P(t)$ 据此特点由验潮站的余水位传递确定。因此，验潮站起余水位监控的作用。验潮站水位数据经预处理后可认为消除了观测误差 $\Delta(t)$，按定义或传递技术确定长期平均海面 MSL，潮汐模型内插调和常数，预报天文潮位 $T(t)_{MSL}$。依式(3.6)，验潮站处余水位取实测水位与天文潮位的残差部分，直接由实测水位减去预报潮位。

按验潮站的空间配置，余水位的传递分为三种模式：①单站模式：以一个验潮站处余水位代替整个区域的余水位；②带状模式：由两个验潮站内插出连线上各测深点处的余水位；③区域模式：由多个验潮站内插出各测深点处的余水位。带状模式与区域模式的内插方法可参照时差法中的按距离线性内插与按平面线性内插。

3. 深度基准面 L 值 L_P

P 点处的 L_P 可由验潮站按略最低低潮面比值法传递确定，多站传递时采用各站传递值的距离倒数加权平均值

$$L_P = \frac{\sum_{i=1}^{n} \dfrac{\mathrm{ISLW}_P \cdot L_i}{\mathrm{ISLW}_i \cdot S_i}}{\sum_{i=1}^{n} \dfrac{1}{S_i}} \tag{5.28}$$

式中，n 为验潮站个数；ISLW_P、ISLW_i 分别为 P 点与验潮站的略最低低潮面值；L_i 为验潮站的 L 值；S_i 为 P 点至验潮站的距离。

由基本原理可知，水位改正数的计算精度主要取决于两点：一是潮汐模型在测区内的精度，即预报天文潮位的精度；二是余水位的空间一致性，即传递确定余水位的精度。

5.3.2 潮汐模型与潮汐动力学理论

潮汐模型是基于潮汐模型与余水位监控法的基础模型，其空间分辨率、包含的分潮及其精度等是该水位改正方法能否应用的关键。在潮汐变化平缓、验潮站分布密集的较小区域，可采用空间内插的方式构建潮汐模型：每个网格点处的分潮调和常数是由验潮站处的调和常数按克里格、多面函数等方法内插得到。此类方法称为经验法，构建的潮汐模型归类于经验模型。目前，潮汐模型的构建一般不采用经验法，而是普遍采用基于潮汐动力学理论的数值模拟方法。

牛顿利用万有引力定律给出了引潮力，进而发展了平衡潮理论。平衡潮理论能解释潮汐的许多最基本的现象，并通过展开获得了海洋潮汐的频谱结构。潮汐现象解释以及展开都是针对某一点处的引潮力，并不考虑海水的惯性、黏性和海底摩擦等相互作用，因此，该理论也称为潮汐静力学理论。法国著名科学家拉普拉斯是第一个用流体动力学的观点研究海洋潮汐的，进而发展形成了潮汐动力学理论。该理论认为海洋潮汐是海水在月球和太阳水平引潮力作用下的一种长波运动，潮波内无数的水质点以一定的位相差相继运动，于是构成了潮波的传播。水质点运动在铅直方向上表现为潮位的升降，在水平方向上表现为潮流。其中，大洋中的潮汐是月、日引潮力引起的强迫(或受迫)潮波运动，而大洋附属海一般可看作自由潮波，其能量的来源主要是由毗邻的大洋维持的，而不是引潮力直接作用在该海区的结果。比如，东海、黄海、渤海的潮波主要是太平洋的潮波由东海传入所致。前进潮波从大洋或外海传来，遇到大陆发生反射，在满足一定条件的情况下，反射波

与入射波叠加可能形成驻波。驻波的节点处没有潮位振动，称为无潮点。在地转等原因的影响下驻波波面不是停留在原来的地点做上、下振动，而是绕无潮点旋转，也就是说在一个潮波系统中，潮波波面是绕无潮点旋转传播的，这又使得潮波具有旋转特征。所以海区或大洋的潮波系统叫做旋转潮波系统或前进–驻波系统。

潮波在传播过程中受到海底地形、惯性、地转效应、摩擦力、海岸线形状等因素的影响，可由潮波运动方程和连续方程等数学模型进行描述。对全球海洋或局部海域利用近代数值方法求解潮波动力学方程的过程，称为潮波数值计算或数值模拟。基于各动力学方程可模拟海域各网格点处海水随时间的运动，进而获得各网格点处的潮汐信息，即构建了潮汐模型。因此，从流体动力学观点研究潮波运动是认识海洋潮汐的一个更全面的方式。早期受限于计算能力，数值模拟采用简化的动力学方程、较低的网格空间分辨率、精度较低的水深数据，因此，数值模拟的精度较低，只能大致了解区域的潮汐空间分布信息。随着流体动力学理论的进步以及计算能力的大幅提升，数值模拟的精度越来越高。单纯利用潮波动力学方程构建潮汐模型的方法，称为纯动力学法，构建的潮汐模型归类于纯动力学模型。

1992 年发射升空的 TOPEX/POSEIDON(T/P)卫星，因其定轨和测高的高精度以及利于潮汐提取的轨道周期设计，极大地促进了海洋潮汐数值模拟的研究。T/P 系列卫星(T/P、Jason-1、Jason-2 等)以约 9.9156 天的周期重复观测海域上沿迹各点处的海面高变化。对于沿迹上的一点，由卫星多年观测的水位数据，按潮汐分析方法可获得精确的潮汐参数。这与处理验潮站数据并无本质区别。卫星测高提供了海域上十分丰富的潮汐参数成果，通过同化技术可改善潮波数值模拟的精度。同化技术使得观测数据与动力学方程相互融合，发挥数据对方程的"拉动"作用。目前得到广泛使用的全球或局部潮汐模型基本都是同化模型。

5.3.3 中国近海的精密潮汐模型

随着各种基础数据的累积、同化技术的发展与计算能力的提高，潮汐模型的分辨率与精度也在逐步提高。在水深大于 1000m 的大洋，全球潮汐模型间的差异很小，精度都达到 2~3cm。但在浅水海域，因水深数据与摩擦系数等的误差对模型构建的影响明显大于深水海域，全球潮汐模型的精度明显低于深水海域。中国近海为典型的陆架海(东海、黄海和渤海)或半封闭海(南海)，是潮能的摩擦耗散区，半日和全日潮族都存在多个无潮点，潮汐变化十分复杂，是全球潮汐模型误差较大的区域。

以笔者构建的中国近海及邻近海域精密潮汐模型为例，模型的范围为 3°N ~ 41°N，105°E ~ 127°E，网格分辨率为 1′×1′，包含了常用的 13 个主要分潮(如表 3.1 所示)。潮波数值模拟是基于 POM(Princeton Ocean Model)模式，是一种开源的流体动力学解决方案。以 POM 模式为基础，采用并实现了 blending 同化技术，同化的潮汐信息包括：①沿岸验潮站实测水位数据的调和分析结果，其中实测水位数据时长达一年以上的长期站为 106 个，一个月以上的中期站为 130 个，共计 236 个站点；②T/P 与 Jason-1 卫星测高的原始轨道与交错轨道等两个运行轨道下的沿迹潮汐分析成果。图 5.18 为模型范围内的卫星测高沿迹点与验潮站分布，其中▲为长期站，●为中期站。(许军，等，2019)

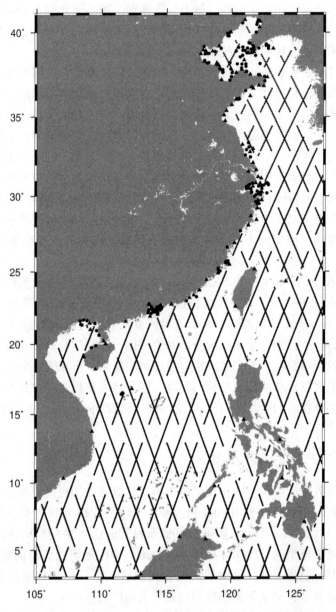

图 5.18　模型范围内的卫星测高沿迹点与验潮站分布

　　由流体动力学方程以及同化技术模拟出各网格点处的水位升降变化，潮汐分析获得各网格点处的调和常数，组合成网格化的调和常数数据集。一般以潮波图的形式展示主要分潮调和常数的空间分布，潮波图为某个分潮的振幅等值线与迟角等值线，其中迟角等值线也称为同潮时线，表示该分潮在迟角等值线上的相位一致。图 5.19、图 5.20 为 K_1 分潮的潮波图，图 5.21、图 5.22 为 M_2 分潮的潮波图，实线为等振幅线，单位为厘米；虚线为同潮时线，迟角采用东 8 区，单位为度(许军，等，2019)。

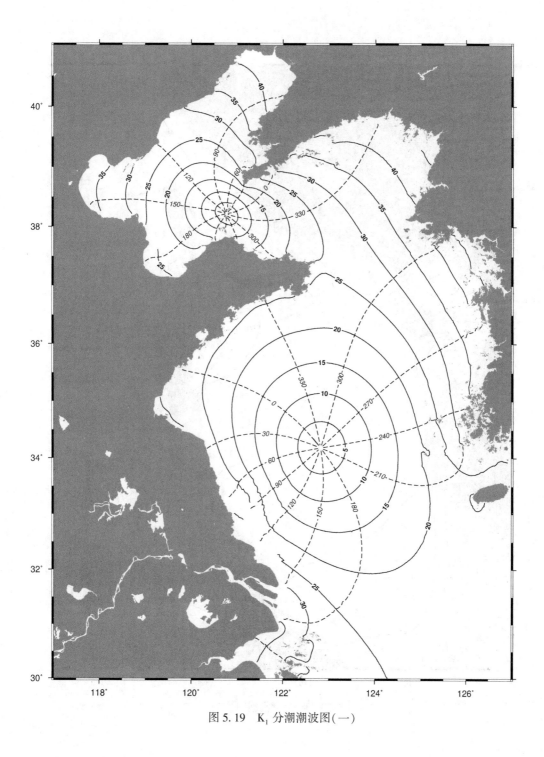

图 5.19 K₁ 分潮潮波图(一)

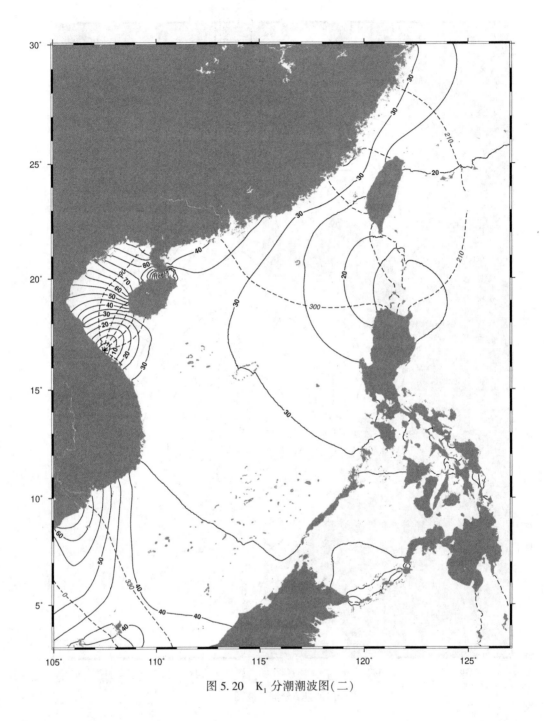

图 5.20　K_1 分潮潮波图(二)

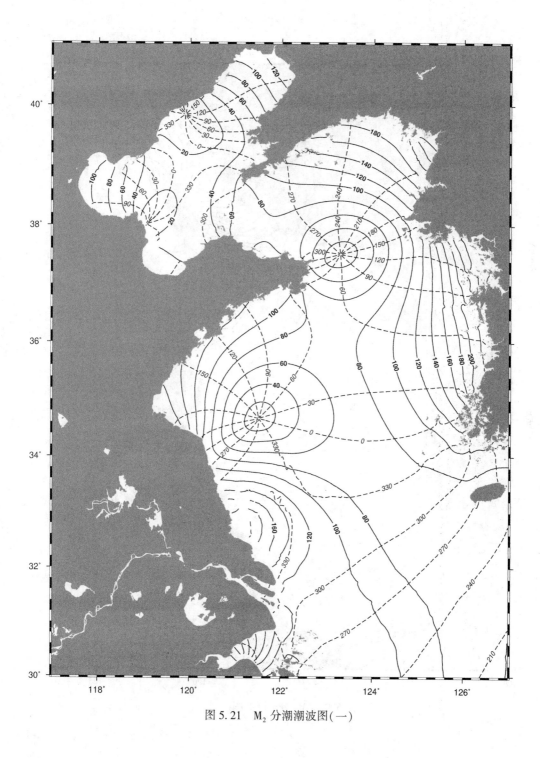

图 5.21 M₂ 分潮潮波图(一)

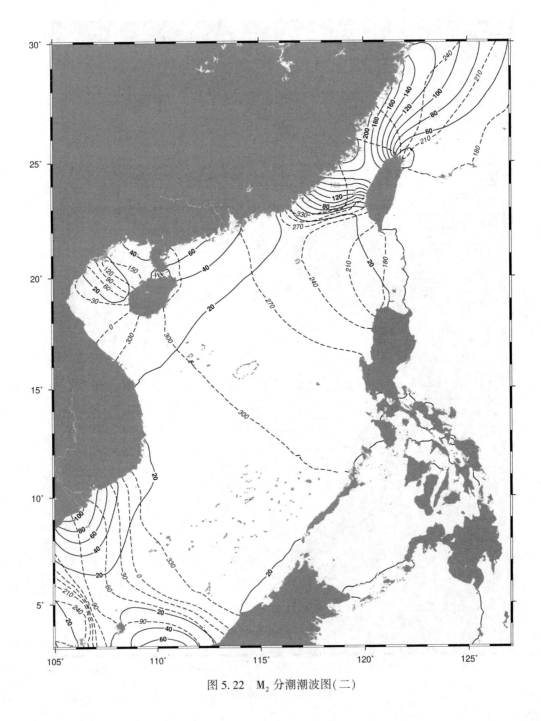

图 5.22　M₂ 分潮潮波图(二)

对于其他的全日分潮、半日分潮,潮波图中的等值线分布趋势分别与 K_1 分潮、M_2 分潮相似,只是量值不同。由图 5.19 至图 5.22 可知,中国沿海的潮汐分布十分复杂,全日分潮与半日分潮都存在多个无潮点,因此,构建高分辨率、高精度并能达到实用化要求的精密潮汐模型是项具有挑战性的工作。目前,该精密潮汐模型已应用于沿海水深测量工程,达到了实用化要求。

§5.4 虚拟站技术

虚拟站技术是指推算某个站点处水位的技术方法。该站点称为虚拟站或推算站,在测量期间的全部或部分水位不是实测的,而是由其他验潮站的实测水位推算而得。虚拟站技术一般用于离岸较远的海上站点,以节约成本。推算的虚拟站将与实测的验潮站一起应用于三角分区(带)法、时差法与最小二乘拟合法等传统水位改正方法的水位改正数计算中,因此,虚拟站技术只是站点水位推算技术,补充站点应用于传统水位改正方法,并不是独立的水位改正方法。

虚拟站的水位推算采用天文潮位预报与余水位推算的方法,其中天文潮位由调和常数按式(3.66)计算,余水位由邻近验潮站的余水位进行推算。按调和常数的来源分为两类:

(1)在虚拟站处曾经实测过水位数据,由历史实测水位经潮汐分析获得站点处的调和常数,这是最常用的方法。为了保证调和常数的精度,《水运工程测量规范》(JTS 131—2012)对水位数据时长与潮汐分析方法的规定为"用于推算海上定点水位站水位的推算点应具有 30 天以上的历史水位数据,并利用岸上长期水位站同步水位观测资料分析结果对其调和常数进行差比订正"。据此规定,虚拟站处调和常数的计算要求及方法可细分为两点:①虚拟站点处的历史水位数据时长应达到 30 天,并具有邻近长期验潮站在该历史时段的同步水位数据;②具有该邻近长期验潮站的长期分析结果,利用 3.6.3 小节的调和常数差分订正原理对虚拟站处的调和常数进行差分订正。

(2)虚拟站处的调和常数直接采用潮汐模型内插结果。此时,相当于采用基于潮汐模型与余水位监控法推算虚拟站处的水位。

虚拟站技术在水位推算原理上和基于潮汐模型与余水位监控法一致,推算精度取决于两点:一是调和常数的精度,即天文潮位的预报精度;二是余水位的空间一致性,即余水位的推算精度。《水运工程测量规范》(JTS 131—2012)直接对水位推算的误差作出规定,包含了天文潮位预报误差与余水位传递误差,规定推算订正水位与历史观测水位比对限差应满足下列要求:

(1)占比对总点数的 80% 的观测值与推算值之差不大于 0.10m;

(2)占比对总点数的 95% 的观测值与推算值之差不大于 0.20m;

(3)占比对总点数的 100% 的观测值与推算值之差不大于 0.30m。

该规定针对的是存在历史水位数据的情况,利用虚拟站与邻近长期验潮站的同步历史水位数据进行检测。首先,按差分订正的原理确定虚拟站的调和常数;其次,调和常数预报天文潮位,邻近长期验潮站传递余水位,组合成推算水位;最后将推算水位与实测水位作比较,统计差值的分布。

对于采用基于潮汐模型与余水位监控法推算虚拟站水位的情况，适用性将取决于基于潮汐模型与余水位监控法在虚拟站处的精度。

§5.5　基于 GNSS 技术的水位改正法

基于 GNSS 技术的水位改正法是利用全球导航卫星系统（GNSS）精确确定测量载体垂直方向上的运动，经必要的基准转换后，将深度基准面上的垂直差距作为瞬时水深的改正数，可消除潮汐、涌浪等各种因素引起的垂直方向上的运动。因此，该方法无需验潮站观测潮位，也称为无验潮模式。因基于全球定位系统（Global Position System，GPS）的研究与应用较多，习惯称为 GPS 免验潮模式、GPS 无验潮模式。

5.5.1　基本原理

该方法的原理示意如图 5.23 所示。

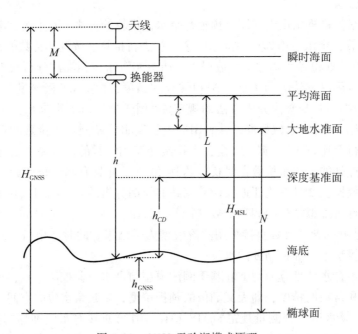

图 5.23　GNSS 无验潮模式原理

在图 5.23 中，在任一测量时刻，由 GNSS 技术测定天线处的大地高 H_{GNSS}，测深仪测量换能器至海底的垂直距离 h，即瞬时水深测量值。M 为 GNSS 天线与测深仪换能器的垂直距离，是可测量的已知参数，则易得海底的大地高 h_{GNSS} 为

$$h_{GNSS} = H_{GNSS} - M - h \tag{5.29}$$

上式表明，由 GNSS 与测深仪的测量成果易获得海底的大地高 h_{GNSS}，是指海底在参考椭球面上的高度。而图载水深是海底在深度基准面下的垂直距离，因此，需将大地高 h_{GNSS} 转换为深度基准面起算的图载水深 h_{CD}。该转换需要测深点处深度基准面、参考椭球

面等垂直基准面间的关系，属于海域垂直基准面的转换问题。该转换可采用以下两种方法：

（1）平均海面高模型与深度基准面模型。

平均海面高模型、深度基准面模型分别指网格化的平均海面大地高数据集、深度基准面 L 值数据集。由两个模型分别内插出测深点处的平均海面大地高 H_{MSL} 与深度基准面在平均海面下的垂直距离 L，则

$$h_{CD} = H_{\mathrm{MSL}} - L - h_{\mathrm{GNSS}} \tag{5.30}$$

（2）大地水准面模型、海面地形模型与深度基准面模型。

大地水准面模型、海面地形模型分别指网格化的大地水准面差距（高程异常）数据集、海面地形数据集。由三个模型分别内插出测深点处的 N、ζ 与 L，则

$$h_{CD} = N + \zeta - L - h_{\mathrm{GNSS}} \tag{5.31}$$

由上述两种方法，利用不同的垂直基准面模型将海底的大地高转换为图载水深。

5.5.2 应用条件

在理论上，基于 GNSS 技术的水位改正精度高于其他水位改正方法。但由前述基本原理可知，该方法的应用需要以下条件：

（1）瞬时大地高的解算。

瞬时大地高的高精度解算是本方法应用的前提，通常采用实时动态相位技术（Real Time Kinematic，RTK）以获得厘米级的高程精度，但与岸上基准站的距离受限。离岸距离较远时，也可采用基于载波相位后处理技术（Post Processing Kinematic，PPK）和精密单点定位技术（Precise Point Positioning，PPP），垂直方向的定位精度可达到 10cm 左右。

（2）天线与换能器间垂直距离 M 的确定。

在测量载体保持静态时，天线与换能器间的垂直距离 M 为一已知固定值。而在测量载体动态时，载体的姿态处于变化中，此时 M 为与姿态相关的变量，需通过动态传感器（Motion Reference Unit，MRU）或多个接收机的方式确定载体的姿态变化。

（3）基准面转换。

将海底的大地高转换至深度基准面起算的图载水深，需要参考椭球面、平均海面、深度基准面、大地水准面等之间的关系。对于江河或者港口、航道等较小测区，可采用以点代面或多点内插的方式。若测区范围较大或离岸一定距离或潮汐变化复杂，则需要构建测区范围内连续无缝的垂直基准转换模型。

另外，实践应用时还将面临大地高解算成果的异常突跳处理、GNSS 与 MRU 和测深的时间同步等问题，技术要求高。

第6章　潮汐特征值的计算

实测水位数据经潮汐调和分析可获取主要分潮的调和常数，主要分潮的调和常数从微观上揭示了潮汐的构成与变化规律，可用于精确的潮汐预报与深度基准面确定等。在宏观上，以一系列潮汐统计特征类参数来描述潮汐基本特征，这类参数称为潮汐特征值，习惯上也称为潮汐非调和常数。

§6.1　潮汐特征值

下面介绍一些比较常用的潮汐特征值，分为潮高类参数与时间类参数。

6.1.1　潮高类参数

平均海面(mean sea level，MSL)：整时潮高的算术平均值。

平均高潮面(mean high water，MHW)、平均低潮面(mean low water，MLW)：分别为高潮位与低潮位的算术平均值。

平均高高潮面(mean higher high water，MHHW)、平均低高潮面(mean lower high water，MLHW)、平均高低潮面(mean higher low water，MHLW)与平均低低潮面(mean lower low water，MLLW)：分别为高高潮位、低高潮位、高低潮位与低低潮位的算术平均值。对于不规则日潮与规则日潮类型，当每日只出现一次高潮与低潮时，唯一的高潮与低潮分别记为高高潮与低低潮。

平均半潮面(half-tide level，HTL 或者 mean tide level，MTL)：平均高潮面与平均低潮面的算术平均值。

平均潮差(mean range，Mn)：平均高潮面与平均低潮面的差值。

平均大的潮差(great diurnal range，Gt)：平均高高潮面与平均低低潮面的差值。

平均小的潮差(small diurnal range，S1)：平均低高潮面与平均高低潮面的差值。

平均高潮不等(mean high water inequality，MHWQ)：平均高高潮面与平均低高潮面的差值。

平均低潮不等(mean low water inequality，MLWQ)：平均高低潮面与平均低低潮面的差值。

平均大潮高潮面(mean high water springs，MHWS)、平均大潮低潮面(mean low water springs，MLWS)：分别为大潮期间的高潮位、低潮位的算术平均值。平均大潮高潮面至深度基准面的垂直距离，称为平均大潮升。

平均大潮差(spring range，Sg)：平均大潮高潮面与平均大潮低潮面的差值。

110

平均小潮高潮面(mean high water neaps, MHWN)、平均小潮低潮面(mean low water neaps, MLWN):分别为小潮期间的高潮位、低潮位的算术平均值。平均小潮高潮面至深度基准面的垂直距离,称为平均小潮升。

平均小潮差(neap range, Np):平均小潮高潮面与平均小潮低潮面的差值。

回归潮平均高高潮面(tropic mean higher high water, TcMHHW)、回归潮平均低高潮面(tropic mean lower high water, TcMLHW)、回归潮平均高低潮面(tropic mean higher low water, TcMHLW)、回归潮平均低低潮面(tropic mean lower low water, TcMLLW):分别为回归潮期间的高高潮位、低高潮位、高低潮位与低低潮位的算术平均值。

回归潮平均大的潮差(mean great tropic range, Gc):回归潮平均高高潮面与回归潮平均低低潮面的差值。

回归潮平均小的潮差(mean small tropic range, Sc):回归潮平均低高潮面与回归潮平均高低潮面的差值。

回归潮平均潮差(mean tropic range, Mc):回归潮平均大的潮差与回归潮平均小的潮差的算术平均值。

回归潮平均高潮不等(tropic mean high water inequality, TcMHWQ):回归潮平均高高潮面与回归潮平均低高潮面的差值。

回归潮平均低潮不等(tropic mean low water inequality, TcMLWQ):回归潮平均高低潮面与回归潮平均低低潮面的差值。

分点潮平均高潮面(equatorial mean high water, EqMHW)、分点潮平均低潮面(equatorial mean low water, EqMLW):分别为分点潮期间的高潮位、低潮位的算术平均值。

分点潮平均潮差(mean equatorial range, Me):分点潮平均高潮面与分点潮平均低潮面的差值。

6.1.2　时间类参数

半日潮龄(age of phase inequality):朔望至发生大潮的时间间隔。

日潮龄(age of diurnal inequality):月球位于赤纬最大时刻至发生回归潮的时间间隔。

平均高潮间隙(mean high water lunitidal interval, HWI)、平均低潮间隙(mean low water lunitidal interval, LWI):月球位于上中天、下中天至出现第一个高潮或低潮的平均时间间隔。

平均高高潮间隙(mean higher high water lunitidal interval, HHWI)、平均低高潮间隙(mean lower high water lunitidal interval, LHWI)、平均高低潮间隙(mean higher low water lunitidal interval, HLWI)、平均低低潮间隙(mean lower low water lunitidal interval, LLWI):月球北赤纬时,相应高潮或低潮发生时刻与月球上中天时刻的时间差。

回归潮平均高高潮间隙(tropic mean higher high water lunitidal interval, TcHHWI)、回归潮平均低高潮间隙(tropic mean lower high water lunitidal interval, TcLHWI)、回归潮平均高低潮间隙(tropic mean higher low water lunitidal interval, TcHLWI)、回归潮平均低低潮间隙(tropic mean lower low water lunitidal interval, TcLLWI):回归潮期间,月球北赤纬时相

应高潮或低潮发生时刻与月球上中天时刻的时间差。

6.1.3　与潮汐类型的关系

潮汐特征值是表征平均意义上的潮高、潮差、日潮不等现象以及与月相、月球赤纬之间关系等潮汐统计特征类参数。由于不同潮汐类型间的潮汐特征差异很大，因此，潮汐特征值的选取与潮汐类型相关。

对于所有潮汐类型，都存在：①平均意义上的潮高参数：平均高潮面、平均低潮面、平均高高潮面、平均低高潮面、平均低低潮面、平均高低潮面；②相应类型潮面发生时刻与月球特征位置(月中天)间时间延迟的参数：平均高潮面对应的平均高潮间隙等；③由各潮位计算获得的平均高潮不等、平均低潮不等、平均半潮面、平均潮差、平均大的潮差、平均小的潮差等参数。

对于半日潮类型，潮差的大小变化与月相(朔、上弦、望与下弦)有关，朔望、上弦与下弦后一段时间将分别发生大潮与小潮，半日潮龄为平均时间延迟。大潮和小潮期间潮高的特征值有平均大潮高潮面、平均大潮低潮面、平均小潮高潮面、平均小潮低潮面、平均大潮差与平均小潮差。对于不规则半日潮类型，日潮不等现象明显，月球赤纬最大后的回归潮期间日潮不等相对较大，相关的参数有回归潮平均高高潮面、回归潮平均低高潮面、回归潮平均高低潮面、回归潮平均低低潮面以及相应的潮面间隙，由各潮面计算获得的回归潮平均高潮不等、回归潮平均低潮不等、回归潮平均大的潮差与回归潮平均小的潮差。

对于不规则日潮与日潮类型，潮差的大小变化与月球赤纬有关，月球赤纬南北最大以及过赤道后一段时间的潮差分别最大与最小，分别发生回归潮与分点潮，日潮龄为平均时间延迟。回归潮期间呈现日潮特征，相关的参数有回归潮平均高高潮面与回归潮平均低低潮面以及相应的潮面间隙；而分点潮期间呈现半日潮特征，相关的参数可参照半日潮类型。

§6.2　潮汐非调和分析

习惯上将潮汐特征值的计算过程称为潮汐非调和分析，与潮汐调和分析相对应。潮汐非调和分析的方法分为水位数据统计法和调和常数计算法两类。

(1)水位数据统计法

统计法是根据足够长时间的水位观测数据，按参数的定义统计参数量值。美国将上述潮高类中的大部分特征值纳入潮汐基准面体系中，其中，以平均低低潮面为深度基准面，以平均高潮面为净空基准面与海岸线定义的参考面。美国将潮汐基准面定义为国家潮汐基准面历元所指定的 19 年时段水位数据的统计结果。

(2)调和常数计算法

调和常数计算法则由调和常数按公式计算参数量值，基本原理是利用分潮对潮汐变化的贡献程度及理论关系，通过简化处理，推导出各特征量的计算公式。需注意的是同一潮汐特征值在不同潮汐类型时的计算公式大多并不一致。

通过长期实测水位数据统计得到的潮汐特征值是最可靠的，而且统计结果具有历元的概念，但涉及多年(最好是 19 年)实测水位数据的获取问题，国内主要采用调和常数计算法。下面将概述主要潮汐特征值计算公式推导的基本原理。本部分的主要目的是作为编程实现的参考，因此，略去推导过程，只列出主要公式以及必要的中间过程。公式涉及分潮的信息，以 M_2 分潮为例，其角速率、振幅与迟角分别以 σ_{M_2}、M_2、g_{M_2} 表示。除特别说明外，各种潮面的量值都是从平均海面起算的，角速率的单位为度/小时，迟角的单位为度。

6.2.1 潮龄

半日潮龄与日潮龄的计算方法适用于所有潮汐类型。

6.2.1.1 半日潮龄

决定半日潮变化特征的主要分潮是 M_2 与 S_2，当两个分潮的相角相等时，两分潮的潮位贡献起叠加效果，发生大潮。按平衡潮理论，两分潮的天文相角相等时发生大潮，设时刻为 t_0，则

$$V_{M_2}(t_0) = V_{S_2}(t_0) \tag{6.1}$$

实际上因受海水惯性与摩擦等的作用，分潮的相角存在着延迟，即迟角。设经过 Δt 才实际发生大潮，此时两分潮的实际相角相等

$$V_{M_2}(t_0) + \sigma_{M_2} \cdot \Delta t - g_{M_2} = V_{S_2}(t_0) + \sigma_{S_2} \cdot \Delta t - g_{S_2} \tag{6.2}$$

将式(6.1)代入上式，整理得

$$\Delta t = \frac{g_{S_2} - g_{M_2}}{\sigma_{S_2} - \sigma_{M_2}} \approx 0.984(g_{S_2} - g_{M_2}) \tag{6.3}$$

上式中的 Δt 即为半日潮龄。当迟角单位为度时，上式中半日潮龄的单位为小时。若出现 $g_{S_2} < g_{M_2}$ 的情况，则将 g_{S_2} 加上 $360°$。

6.2.1.2 日潮龄

决定日潮变化特征的主要分潮是 K_1 与 O_1，当两个分潮的相角相等时，两分潮的潮位贡献起叠加效果，日潮不等现象最明显，发生回归潮。计算原理与半日潮龄相似，得日潮龄为

$$\Delta t = \frac{g_{K_1} - g_{O_1}}{\sigma_{K_1} - \sigma_{O_1}} \approx 0.911(g_{K_1} - g_{O_1}) \tag{6.4}$$

上式中的 Δt 即为日潮龄。当迟角单位为度时，上式中日潮龄的单位为小时。若出现 $g_{K_1} < g_{O_1}$ 的情况，则将 g_{K_1} 加上 $360°$。

6.2.2 规则半日潮

对于规则半日潮类型，M_2 分潮是最大分潮，其振幅绝对占优，决定了潮汐变化的主要特征。

6.2.2.1 潮汐平均状况

高(低)潮发生在 M_2 极值时刻附近，通过引入理论关系以及合理的假设，顾及其他主要分潮的贡献，推导出平均高潮面、平均低潮面、平均潮差与平均半潮面。

平均高潮面 MHW 与平均低潮面 MLW 为

$$
\begin{aligned}
\text{MHW} =&\, 1.01 M_2 + 0.29 \frac{S_2^2}{M_2} + 0.04 \frac{(K_1 + O_1)^2}{M_2} - 0.03 \frac{(K_1 + O_1)^2}{M_2} \cos(g_{K_1} + g_{O_1} - g_{M_2}) \\
&+ M_4 \cos(g_{M_4} - 2g_{M_2}) + M_6 \cos(g_{M_6} - 3g_{M_2})
\end{aligned}
$$

$$(6.5)$$

$$
\begin{aligned}
\text{MLW} =&\, -1.01 M_2 - 0.29 \frac{S_2^2}{M_2} - 0.04 \frac{(K_1 + O_1)^2}{M_2} - 0.03 \frac{(K_1 + O_1)^2}{M_2} \cos(g_{K_1} + g_{O_1} - g_{M_2}) \\
&+ M_4 \cos(g_{M_4} - 2g_{M_2}) - M_6 \cos(g_{M_6} - 3g_{M_2})
\end{aligned}
$$

$$(6.6)$$

平均半潮面 HTL 为平均高潮面 MHW 与平均低潮面 MLW 的算术平均值，易得

$$
\text{HTL} = M_4 \cos(g_{M_4} - 2g_{M_2}) - 0.03 \frac{(K_1 + O_1)^2}{M_2} \cos(g_{K_1} + g_{O_1} - g_{M_2}) \tag{6.7}
$$

平均潮差 Mn 为平均高潮面 MHW 与平均低潮面 MLW 的差值，易得

$$
\text{Mn} = 2.02 M_2 + 0.58 \frac{S_2^2}{M_2} + 0.08 \frac{(K_1 + O_1)^2}{M_2} + 2 M_6 \cos(g_{M_6} - 3g_{M_2}) \tag{6.8}
$$

平均高潮间隙 HWI 与平均低潮间隙 LWI 分别为：

$$
\text{HWI} = \frac{1}{\sigma_{M_2}} \left[g_{M_2} + \frac{2M_4}{M_2} \sin(g_{M_4} - 2g_{M_2}) + \frac{3M_6}{M_2} \sin(g_{M_6} - 3g_{M_2}) \right] \tag{6.9}
$$

$$
\text{LWI} = \frac{1}{\sigma_{M_2}} \left[g_{M_2} + 180° - \frac{2M_4}{M_2} \sin(g_{M_4} - 2g_{M_2}) + \frac{3M_6}{M_2} \sin(g_{M_6} - 3g_{M_2}) \right] \tag{6.10}
$$

需要注意的是，式(6.9)与式(6.10)中后两项的单位为弧度，实际计算时需转换为度。

潮汐平均状况下日潮不等相关的参数(如平均高高潮面、平均低高潮面、平均高低潮面、平均低低潮面等)以及回归潮相关的参数(如回归潮平均高高潮面、回归潮平均低高潮面等)参照后续的不规则半日潮类型部分。

6.2.2.2　大潮、小潮

M_2 与 S_2 相角相等时发生大潮，大潮期间两个分潮同时达到高潮与低潮；而 M_2 与 S_2 的相角相差 180° 时发生小潮，小潮期间 M_2 发生高潮(低潮)，S_2 发生低潮(高潮)。与上述类似的方法，推导出大潮和小潮期间的特征值：平均大潮高潮面、平均大潮低潮面、平均小潮高潮面、平均小潮低潮面、平均大潮差与平均小潮差。

平均大潮高潮面 MHWS 与平均大潮低潮面 MLWS 为

$$
\begin{aligned}
\text{MHWS} =&\, 1.007(M_2 + S_2) + 0.025 \frac{(K_1 + O_1)^2}{M_2} - 0.020 \frac{(K_1 + O_1)^2}{M_2} \cos(g_{K_1} + g_{O_1} - g_{M_2}) \\
&+ M_4 \left(1 + 2 \frac{S_2}{M_2} \right) \cos(g_{M_4} - 2g_{M_2}) + M_6 \left(1 + 3 \frac{S_2}{M_2} \right) \cos(g_{M_6} - 3g_{M_2})
\end{aligned}
$$

$$(6.11)$$

$$MLWS = -1.007(M_2 + S_2) - 0.025\frac{(K_1 + O_1)^2}{M_2} - 0.020\frac{(K_1 + O_1)^2}{M_2}\cos(g_{K_1} + g_{O_1} - g_{M_2})$$

$$+ M_4\left(1 + 2\frac{S_2}{M_2}\right)\cos(g_{M_4} - 2g_{M_2}) - M_6\left(1 + 3\frac{S_2}{M_2}\right)\cos(g_{M_6} - 3g_{M_2})$$

$$(6.12)$$

平均大潮差 Sg 为平均大潮高潮面 MHWS 与平均大潮低潮面 MLWS 的差值，易得

$$Sg = 2.014(M_2 + S_2) + 0.050\frac{(K_1 + O_1)^2}{M_2} + 2M_6\left(1 + 3\frac{S_2}{M_2}\right)\cos(g_{M_6} - 3g_{M_2})$$

$$(6.13)$$

平均小潮高潮面 MHWN 与平均小潮低潮面 MLWN 为

$$MHWN = 1.057(M_2 - S_2) + 0.074\frac{(K_1 + O_1)^2}{M_2} - 0.061\frac{(K_1 + O_1)^2}{M_2}\cos(g_{K_1} + g_{O_1} - g_{M_2})$$

$$+ M_4\left(1 - 2\frac{S_2}{M_2}\right)\cos(g_{M_4} - 2g_{M_2}) + M_6\left(1 - 3\frac{S_2}{M_2}\right)\cos(g_{M_6} - 3g_{M_2})$$

$$(6.14)$$

$$MLWN = -1.057(M_2 - S_2) - 0.074\frac{(K_1 + O_1)^2}{M_2} - 0.061\frac{(K_1 + O_1)^2}{M_2}\cos(g_{K_1} + g_{O_1} - g_{M_2})$$

$$+ M_4\left(1 - 2\frac{S_2}{M_2}\right)\cos(g_{M_4} - 2g_{M_2}) - M_6\left(1 - 3\frac{S_2}{M_2}\right)\cos(g_{M_6} - 3g_{M_2})$$

$$(6.15)$$

平均小潮差 Np 为平均小潮高潮面 MHWN 与平均小潮低潮面 MLWN 的差值，易得

$$Np = 2.114(M_2 - S_2) + 0.148\frac{(K_1 + O_1)^2}{M_2} + 2M_6\left(1 - 3\frac{S_2}{M_2}\right)\cos(g_{M_6} - 3g_{M_2})$$

$$(6.16)$$

6.2.3 不规则半日潮

对于不规则半日潮类型，M_2 分潮振幅相对于 K_1 分潮与 O_1 分潮不绝对占优，共同决定了潮汐变化的主要特征。

6.2.3.1 日潮不等计算原理

在半日潮族中，M_2 是占优的主分潮，将半日潮族的潮位贡献集中于 M_2 分潮。但在日潮族中，K_1 与 O_1 的振幅差异不大，都是主分潮，因此将日潮族的潮位贡献分为 K_1 分潮群和 O_1 分潮群，再考虑两者的相位关系，组合成日潮族的潮位贡献。设半日潮族各分潮综合影响下的平均振幅为 A，而日潮族的平均振幅为 B。A 与 B 将按潮汐平均状况、回归潮与分点潮等分别按公式计算，参见后续小节。

引入中间量 β

$$\beta = \frac{1}{2}g_{M_2} - \frac{1}{2}(g_{K_1} + g_{O_1})$$

$$(6.17)$$

设日潮与半日潮的平均振幅之比为 C，即

$$C = \frac{B}{A} \tag{6.18}$$

在半日潮发生极值时，日潮与半日潮的位相差设为 c_i，对应于四个极值的量值表达为

$$c_i = \beta \cdot \frac{\pi}{180°} - \frac{\pi}{2} \cdot i \quad (i = 0,\ 1,\ 2,\ 3) \tag{6.19}$$

设半日潮发生极值的位相与潮位发生极值的半日潮位相之差为 ε_i，对应于四个极值的量值表达为

$$\sin \varepsilon_i = -0.5C\sin\left(\frac{\varepsilon_i}{2} + c_i\right) \quad (i = 0,\ 1,\ 2,\ 3) \tag{6.20}$$

上式两侧都存在 ε_i，将 c_i 代入上式后，可采用试算的方法求得近似 ε_i：在 $\pm\frac{\pi}{2}$ 范围内，按极小间隔选取值，代入上式两端，两端差异的绝对值最小时的取值即为 ε_i 的近似值。

设潮高极值与半日潮的振幅之比为 m_i，对应于四个极值的量值表达为

$$m_i = (-1)^i \left[\cos \varepsilon_i + C\cos\left(\frac{\varepsilon_i}{2} + c_i\right)\right] \quad (i = 0,\ 1,\ 2,\ 3) \tag{6.21}$$

四个极值的平均潮面为

$$Z_i = m_i A \quad (i = 0,\ 1,\ 2,\ 3) \tag{6.22}$$

上式中，$i = 0,\ 2$ 时，对应于高潮，据量值大小区分为平均高高潮面与平均低高潮面；而 $i = 1,\ 3$ 时，对应于低潮，据量值大小区分为平均高低潮面与平均低低潮面。

四个极值对应的平均间隙为

$$I_i = \begin{cases} \dfrac{g_{M_2} + \varepsilon_i \cdot \dfrac{180°}{\pi}}{\sigma_{M_2}} & (i = 0,\ 2) \\[4ex] \dfrac{g_{M_2} + \varepsilon_i \cdot \dfrac{180°}{\pi} + 180°}{\sigma_{M_2}} & (i = 1,\ 3) \end{cases} \tag{6.23}$$

上式中，$i = 0,\ 2$ 时，对应于高潮，而 $i = 1,\ 3$ 时，对应于低潮。潮面的判断需引入对月上中天或月下中天的判断，主要依据 β 值，将式(6.17)计算的 β 转化至 $0° \leqslant \beta < 360°$，判断方法为：

1. 高潮

（1）$\beta < 90°$ 或 $\beta \geqslant 270°$

$$\begin{aligned} \text{HHWI} &= I_0 \\ \text{LHWI} &= I_2 \pm 12.42 \end{aligned} \tag{6.24}$$

（2）$90° \leqslant \beta < 270°$

$$\text{HHWI} = I_0 \pm 12.42$$
$$\text{LHWI} = I_2 \tag{6.25}$$

2. 低潮

(1) $0° \leqslant \beta < 180°$

$$\text{HLWI} = I_1 \pm 12.42$$
$$\text{LLWI} = I_3 \tag{6.26}$$

(2) $180° < \beta < 360°$

$$\text{HLWI} = I_1$$
$$\text{LLWI} = I_3 \pm 12.42 \tag{6.27}$$

上述日潮不等计算原理适用于日潮与半日潮的平均振幅之比 $C \leqslant 4.0$ 的情况。其中，当 $2.0 < C \leqslant 4.0$ 时，在一个基本周期内多数只有两个极值，即使在少数情况下出现四个极值，高潮不等与低潮不等都不大。

6. 2. 3. 2 潮汐平均状况、大潮、小潮

潮汐平均状况下的平均高潮面、平均低潮面、平均潮差与平均半潮面，以及大潮与小潮状况下的相关参数，计算公式与前述规则半日潮类型一致。

求取平均高高潮面、平均低高潮面、平均高低潮面与平均低低潮面等的关键是计算半日潮族与日潮族的平均振幅，为便于区分，分别设为 A_0 与 B_0。其中，A_0 由下式计算

$$A_0 = 1.01M_2 + 0.29\frac{S_2^2}{M_2} \tag{6.28}$$

而 B_0 按由 K_1 分潮群和 O_1 分潮群的平均振幅计算，分别设为 B_{K_1} 与 B_{O_1}，并由下式计算

$$B_{K_1} = 1.035K_1$$
$$B_{O_1} = 1.019O_1 \tag{6.29}$$

引入中间辅助量

$$k^2 = \frac{4B_{K_1}B_{O_1}}{(B_{K_1} + B_{O_1})^2}$$
$$Q = \int_0^{\frac{\pi}{2}} \sqrt{1 - k^2 \sin^2 r}\, dr \tag{6.30}$$

上式中的 Q 值，可采用分块矩阵法求得近似值：若将 r 的取值范围 0 至 $\frac{\pi}{2}$ 划分为 n 个区间，则

$$Q \approx \sum_{i=1}^{n} \sqrt{1 - k^2 \sin^2\left(i\frac{\pi}{2n}\right)}\,\frac{\pi}{2n} \tag{6.31}$$

日潮族的平均振幅 B_0 由下式计算

$$B_0 = \frac{2}{\pi}(B_{K_1} + B_{O_1})Q \tag{6.32}$$

将 A_0 与 B_0 代替日潮不等计算原理中的 A 与 B，按式(6.17)至式(6.22)计算平均高高

潮面 MHHW、平均低高潮面 MLHW、平均高低潮面 MHLW 与平均低低潮面 MLLW，进而计算平均大的潮差 Gt、平均小的潮差 S1、平均高潮不等 MHWQ 与平均低潮不等 MLWQ：

$$Gt = MHHW - MLLW \tag{6.33}$$

$$S1 = MLHW - MHLW \tag{6.34}$$

$$MHWQ = MHHW - MLHW \tag{6.35}$$

$$MLWQ = MHLW - MLLW \tag{6.36}$$

6.2.3.3　回归潮、分点潮

在 K_1 与 O_1 相位一致时，日潮不等现象最明显，对应于回归潮期间的特征值。回归潮期间半日潮族与日潮族的平均振幅分别设为 A_{Tc} 与 B_{Tc}，按下式计算：

$$A_{Tc} = 0.89 M_2 + 0.31 \frac{S_2^2}{M_2} \tag{6.37}$$

$$B_{Tc} = B_{K_1} + B_{O_1} \tag{6.38}$$

式中，B_{K_1} 与 B_{O_1} 分别为 K_1 分潮群和 O_1 分潮群的平均振幅，由式(6.29)计算。

以 A_{Tc} 与 B_{Tc} 代替日潮不等计算原理中的 A 与 B，按式(6.17)至式(6.22)计算回归潮平均高高潮面 TcMHHW、回归潮平均低高潮面 TcMLHW、回归潮平均高低潮面 TcMHLW 与回归潮平均低低潮面 TcMLLW。进而计算回归潮平均大的潮差 Gc、回归潮平均小的潮差 Sc、回归潮平均潮差 Mc、回归潮平均高潮不等 TcMHWQ 与回归潮平均低潮不等 TcMLWQ：

$$Gc = TcMHHW - TcMLLW \tag{6.39}$$

$$Sc = TcMLHW - TcMHLW \tag{6.40}$$

$$Mc = \frac{Gc + Sc}{2} \tag{6.41}$$

$$TcMHWQ = TcMHHW - TcMLHW \tag{6.42}$$

$$TcMLWQ = TcMHLW - TcMLLW \tag{6.43}$$

在 K_1 与 O_1 的相位相差 180° 时，日潮不等现象最不明显，对应于分点潮期间的特征值。分点潮期间半日潮族与日潮族的平均振幅分别设为 A_e 与 B_e，按下式计算：

$$A_e = 1.14 M_2 + 0.24 \frac{S_2^2}{M_2} \tag{6.44}$$

$$B_e = |B_{K_1} - B_{O_1}| \tag{6.45}$$

以 A_e 与 B_e 代替日潮不等计算原理中的 A 与 B，按式(6.17)至式(6.22)计算分点潮期间的平均高高潮面、平均低高潮面、平均高低潮面与平均低低潮面。一般分点潮期间的高潮不等与低潮不等都不大，可分别取平均高高潮面与平均低高潮面、平均高低潮面与平均低低潮面的平均值为分点潮平均高潮面 EqMHW、分点潮平均低潮面 EqMLW。进而计算分点潮平均潮差 Me：

$$Me = EqMHW - EqMLW \tag{6.46}$$

6.2.4　不规则日潮

对于不规则日潮类型，M_2、K_1 与 O_1 共同决定了潮汐变化的主要特征，日潮作用更大，日潮不等现象更显著。一般只采用潮汐平均状况、回归潮与分点潮期间的日潮不等相

关参数, 计算原理与不规则半日潮类型基本一致。

6.2.5 规则日潮

对于规则日潮类型, K_1 与 O_1 相对 M_2 绝对占优, 日潮成为决定潮汐变化特征的主导因素。高(低)潮发生在日潮极值时刻附近, 通过引入理论关系以及合理的假设, 顾及其他主要分潮的贡献, 推导出平均高潮面与平均低潮面。潮汐平均状况下, 半日潮族与日潮族的平均振幅分别设为 A_0 与 B_0, 计算方法与前述一致。

引入中间量

$$\eta = g_{K_1} + g_{O_1} - g_{M_2} \tag{6.47}$$

日潮占主导地位, 潮位的高潮发生在日潮高潮附近。因此, 以日潮高潮时刻为时间原点, 设潮位发生高潮的时刻为 T_0, 由下式确定

$$\sin(\sigma_1 T_0)\left[4A_0\cos(\sigma_1 T_0 + \eta) + B_0\right] = -2A_0\sin\eta \tag{6.48}$$

式中, σ_1 为 K_1 与 O_1 角速率的平均值, 即 $\sigma_1 = \dfrac{\sigma_{K_1} + \sigma_{O_1}}{2}$。

一般采用迭代方法计算 T_0, 由于 T_0 是个小量, 故可用式(6.48)推导出的下式作为迭代计算的初值 $T_0^{(0)}$:

$$\sin(\sigma_1 T_0^{(0)}) = \frac{-\sin\eta}{2\left[\dfrac{C}{4} + \cos\eta\right]} \tag{6.49}$$

式中, C 为日潮与半日潮的平均振幅之比, 即 $C = \dfrac{B_0}{A_0}$。

然后采用式(6.48)推导出的下式进行迭代计算

$$\sin(\sigma_1 T_0^{(n)}) = \frac{-\sin\eta}{2\left[\dfrac{C}{4} + \cos(\sigma_1 T_0^{(n-1)} + \eta)\right]} \tag{6.50}$$

当 $T_0^{(n)}$ 与 $T_0^{(n-1)}$ 的差异小于设定阈值时, 结束迭代计算, T_0 取值 $T_0^{(n)}$。

平均高潮面 MHW 由下式计算

$$\text{MHW} = A_0\cos(2\sigma_1 T_0 + \eta) + B_0\cos(\sigma_1 T_0) \tag{6.51}$$

平均高潮间隙 HWI 由下式计算

$$\text{HWI} = \frac{g_1}{\sigma_1} + T_0 \tag{6.52}$$

式中, g_1 为 K_1 与 O_1 迟角的平均值, 即 $g_1 = \dfrac{g_{K_1} + g_{O_1}}{2}$。

对于低潮, 潮位的低潮发生在日潮低潮附近。因此, 以日潮低潮时刻为时间原点, 设潮位发生低潮的时刻为 T_1, 则类似地推出迭代计算公式。其中, 迭代计算的初值 $T_1^{(0)}$ 为

$$\sin(\sigma_1 T_1^{(0)}) = \frac{\sin\eta}{2\left[\dfrac{C}{4} - \cos\eta\right]} \tag{6.53}$$

迭代公式为

$$\sin(\sigma_1 T_1^{(n)}) = \frac{\sin\eta}{2\left[\dfrac{C}{4} - \cos(\sigma_1 T_1^{(n-1)} + \eta)\right]} \tag{6.54}$$

迭代计算求得 T_1。平均低潮面 MLW 由下式计算

$$\text{MLW} = A_0\cos(2\sigma_1 T_1 + \eta) - B_0\cos(\sigma_1 T_1) \tag{6.55}$$

平均低潮间隙 LWI 由下式计算

$$\text{LWI} = \frac{g_1 - 180°}{\sigma_1} + T_1 \tag{6.56}$$

对于回归潮，半日潮族与日潮族的平均振幅分别为 A_{Tc} 与 B_{Tc}，分别按式(6.37)与式(6.38)计算。以 A_{Tc} 与 B_{Tc} 代替以上各式中的 A_0 与 B_0，可计算获得回归潮期间的上述特征值。

需要指出的是，上述公式只适用于 $C > 4.0$ 的情况，因为当 $C \leqslant 4.0$ 时不能保证式(6.50)与式(6.54)中的 $|\sin(\sigma_1 T)| \leqslant 1$。而规则日潮类型是指潮汐类型数 $F > 4.0$，显然，$F > 4.0$ 与 $C > 4.0$ 并不等同，即满足 $F > 4.0$ 并不一定满足 $C > 4.0$。

实际上，当 $C > 4.0$ 时，在一个太阴日内只存在一个高潮和一个低潮，不存在日潮不等现象。因当每日只出现一次高潮与低潮的时候，唯一的高潮与低潮分别记为高高潮与低低潮，所以，上述计算的平均高潮面与平均低潮面分别称为平均高高潮面与平均低低潮面，相应的平均高潮间隙与平均低潮间隙称为平均高高潮间隙与平均低低潮间隙。对于规则日潮类型的潮汐平均状况与回归潮，若 $C \leqslant 4.0$，则需按日潮不等计算原理计算，参照不规则半日潮类型部分。对于分点潮，日潮作用最弱，都是按日潮不等计算原理计算。

§6.3　累积频率的统计

6.3.1　累积频率

对于样本 $x_n (n = 1, 2, \cdots, N)$，其中低于某一数值 z 或高于 z 的样本个数，称为频数或次数，而频数与样本数 N 的比值，以百分数表示，称为 z 的频率。在统计分析中，通常是以固定间隔选取数值系列 $z_1 < z_2 < \cdots < z_M$，相邻数值组成区间，统计样本落入各区间的频率为 f_m，如图 6.1 所示。

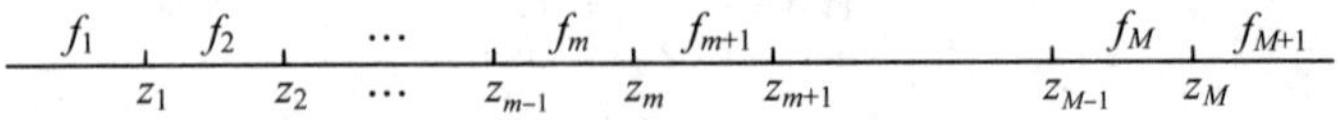

图 6.1　频率分布示意

(1)沿着 z 增大方向将小于 z_m 的各区间频率相加，称为小于 z_m 的累积频率，也称为 z_m 的以下累积频率。若设为 $F(z_m)$，则

$$F(z_m) = \sum_{i=1}^{m} f_i \tag{6.57}$$

易知，随着 z 增大，累积频率增大。若样本中数值都小于 z_M，则 F_M 为 100%。

（2）沿着 z 减小方向将大于 z_m 的各区间频率相加，称为大于 z_m 的累积频率，也称为 z_m 的以上累积频率，即

$$F(z_m) = \sum_{i=m+1}^{M+1} f_i \qquad (6.58)$$

易知，随着 z 减小，累积频率增大。若样本中数值都大于 z_1，则 F_1 为 100%。

累积频率也称为累计频率。一般将累积频率统计结果制作成累积频率曲线：横坐标为累积频率 F，纵坐标为数值 z，将各累积频率点 (F_m, z_m) 连接成平滑曲线。有时，也可以交换横纵坐标。

6.3.2　潮位、高潮与低潮累积频率

当统计的样本分别为水位、高潮位与低潮位时，统计获得的累积频率分别称为潮位累积频率、高潮累积频率与低潮累积频率。若样本只采用整时水位数据，则称潮位累积频率为历时累积频率。统计累积频率时需注意累积的方向，区分以下累积还是以上累积。其中，以下累积频率 $F(z)$ 是单调增函数，而以上累积频率 $F(z)$ 是单调减函数。如《港口与航道水文规范》(JTS 145—2015)中对海港设计水位的规定条目为"位于海岸和感潮河段常年潮流段的港口，设计高水位应采用高潮累积频率 10% 的潮位或历时累积频率 1% 的潮位，设计低水位应采用低潮累积频率 90% 的潮位或历时累积频率 98% 的潮位"。按常理推测，累积频率越小，对应的潮位高度越大，故此处为以上累积频率。由该规范附录中给出的累积频率计算方法，可确认为采用以上累积频率。

下面以某验潮站的三年实测水位数据（起算面为长期平均海面）为例，统计潮位的以上累积频率的基本步骤如下：

（1）统计时间段内的水位量值范围，经统计为：-310.0~314.2cm。

（2）选取数值系列 z_m，并组成区间。参照覆盖水位量值范围并以一定的固定间隔（通常采用 10cm）划分为：-310~-300cm、-300~-290cm……310~320cm 等。因统计的是以上累积频率，故将区间按从高到低排列，如表 6.1 中第一列所示。

（3）统计各区间内水位出现的次数，即表 6.1 中第二列的频次。

（4）将频次除以水位的总次数，获得各区间的频率，即表 6.1 中第三列。

（5）按区间从高到低（表 6.1 中从上到下）将频率进行累加，获得各区间的累积频率：将该区间及之前的频率相加或者将前一个区间的累积频率与本区间的频率相加。

表 6.1　　　　　　　　　　　潮位累积频率统计

区间(cm)	频次	频率(%)	累积频率(%)
310~320	2	0.008	0.008
300~310	4	0.015	0.023
290~300	3	0.011	0.034
280~290	18	0.068	0.103

续表

区间(cm)	频次	频率(%)	累积频率(%)
⋮	⋮	⋮	⋮
−280~−270	46	0.175	99.810
−290~−280	37	0.141	99.951
−300~−290	11	0.042	99.992
−310~−300	2	0.008	100.000

　　由三年实测水位数据的高潮和低潮信息，分别由高潮位与低潮位代替上述的水位，相应地统计获得高潮累积频率和低潮累积频率。图 6.2 为以上累积频率曲线。

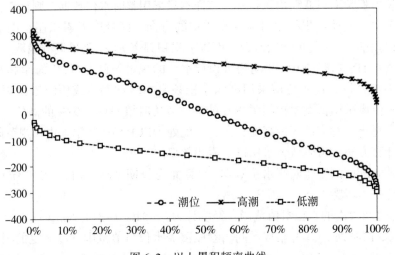

图 6.2　以上累积频率曲线

　　对于某一选定的高度 z，对应的潮位、高潮位或低潮位的以上累积频率是指潮位、高潮位或低潮位中高于 z 所占的比例。对照于深度基准面的保证率概念，低潮位的以上累积频率等同于深度基准面的保证率。因此，以上累积频率也称为保证率，分别称为潮位保证率、高潮保证率与低潮保证率。

　　对于某一选定的高度 z，对应的潮位、高潮位或低潮位的以下累积频率是指潮位、高潮位或低潮位中低于 z 所占的比例。统计以下累积频率的步骤与以上累积频率相似，差异在于将表 6.1 中的区间由从高到低的顺序改为从低到高的顺序，统计各区间的频次与频率后，同样地从上到下进行频率累加。图 6.3 为对应的以下累积频率曲线。

　　为了保证统计结果的可靠性，实测水位数据应有足够的时长。对半日潮类型，要求时长不少于一年；对于日潮类型，时长要求应更长。若只统计某个季节或月份的累积频率，时长应达到多年。

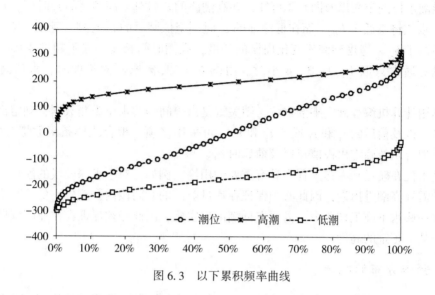

图 6.3 以下累积频率曲线

§ 6.4 乘潮水位频率的统计

6.4.1 乘潮水位

乘潮水位分为乘高潮水位与乘低潮水位，也称为高潮乘潮水位与低潮乘潮水位。结合图 6.4 描述乘潮水位的定义：对于一个预先规定的时间间隔 τ，在高潮前后分别找到两个时刻 t_1 和 t_2，满足 $t_2 - t_1 = \tau$ 以及水位高度相等 $h(t_1) = h(t_2) = h_H$，则 h_H 称为该次高潮对应于时间间隔 τ 的乘高潮水位。类似地，在低潮前后满足 $t_4 - t_3 = \tau$ 以及 $h(t_3) = h(t_4) = h_L$，水位高度 h_L 称为该次低潮对应于时间间隔 τ 的乘低潮水位。

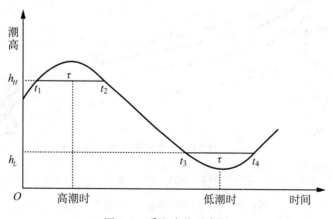

图 6.4 乘潮水位示意图

由乘潮水位的定义以及图 6.4 可知，在高潮前的 t_1 时刻至高潮后的 t_2 时刻，延续一段时间 τ，水位将不低于 h_H。而在低潮前的 t_3 时刻至低潮后的 t_4 时刻，延续一段时间 τ，水位将不高于 h_L。考虑到潮汐变化周期的长度，乘潮时间长度一般不超过 4 小时，所以时间间隔 τ 通常只取 1、2、3、4 小时。由图 6.4 知，τ 取不同长度时，水位高度也将不同。

若利用计算机编程确定乘潮水位，则关键是由等间隔的水位观测数据，确定出高潮或低潮时刻，以及前后的 t_1 和 t_2 或者 t_3 和 t_4，可采用多项式拟合或样条函数拟合的方法，通过水位拟合函数确定出极值点以及前后时刻。

乘潮水位在航运和海洋工程中具有重要的用途。例如，对于水深较浅的航道，较大吨位的船舶需乘高潮进出港，因此必须保证在通过航道的时间段内，潮位不低于某个预定的高度。在一些水下施工作业中，需要在低潮前后实施，因此必须保证在作业时间段内，潮位不高于某个预定的高度。

6.4.2 频率分布的统计

对于每次高潮(低潮)，按时间间隔 τ 以及前后水位高度相等的原则确定出高潮(低潮)水位高度。因每次的高潮(低潮)高度及其变化是不一致的，故每次高潮(低潮)确定出的水位高度 h_H（h_L）也不一致。将观测时段内(一般至少一年以上)的 h_H（h_L）作为样本，按累积频率的方法统计出乘潮水位的频率分布。

以某验潮站的三年实测水位数据(起算面为长期平均海面)为例，时间间隔 τ 分别按 1、2、3、4 小时统计乘高潮水位与乘低潮水位的频率分布。本示例中乘高潮水位采用以上累积频率，而乘低潮水位采用以下累积频率，累积频率分布曲线分别如图 6.5 与图 6.6 所示。

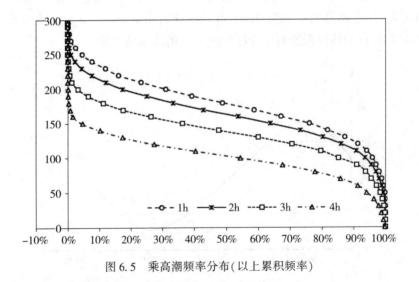

图 6.5 乘高潮频率分布(以上累积频率)

由图 6.5 可知，对于某个潮位高度，时间间隔 τ 越大，达到该高度以上的频率越低。

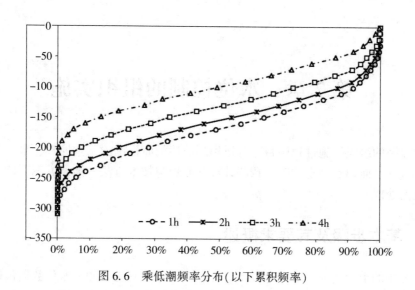

图 6.6　乘低潮频率分布(以下累积频率)

由图 6.6 可知，对于某个潮位高度，时间间隔 τ 越大，低于该高度以下的频率越低。这可结合图 6.4 进行解释。

对于半日潮类型，每天只有两次高潮与两次低潮；对于日潮类型，每天只有一次高潮与一次低潮。因此，为了保证统计结果的可靠性，实测水位数据应有足够的时长，一般应达到多年。若只统计某个季节或月份的累积频率，时长应更长。

第7章 水位控制的组织实施

水位控制的组织实施过程中将综合运用到前述的海洋潮汐基本原理、水位观测及其预处理、垂直基准面确定与水位改正数的计算等原理与技术方法，涉及方案设计、外业观测与内业数据处理。

§7.1 基本步骤及其要求概述

水位控制的组织实施一般分为技术设计、验潮站设立与观测、水位数据预处理、基准面确定、水位改正数计算与文档记录等步骤。各步骤的工作内容与要求简述如下。

1. 技术设计

技术设计的主要任务是根据测量任务要求和技术指标，对验潮站的布设或利用、水位改正方法、基准面确定方法、观测设备选型、水准联测路线布设等做出总体设计。

水位改正方法可分类为三角分区（带）法、时差法与最小二乘拟合法等传统水位改正方法以及基于潮汐模型与余水位监控法、基于 GNSS 技术的方法等现代水位改正方法。不同类的水位改正方法在基本原理上存在根本性的差异，相应地对验潮站的分布以及技术要求也存在明显差异。因此，需综合测区的潮汐复杂程度、技术能力与手段、布设验潮站的条件与成本等因素，选择拟采用的水位改正方法。

按水位改正方法的原理以及相应要求，制定验潮站选址及基准面确定、水准路线布设等方案。验潮站选址是指综合考虑长期站分布、潮汐分布等因素初步选择位置，并结合历史水位数据、潮汐模型等资料论证水位改正效果，以保证验潮站的空间分布能满足精度要求。验潮站选址与水位改正效果论证一般是同步进行的。各水位改正方法的技术要求及论证方法见第 7.2 节。

2. 验潮站设立与观测

1）设站

按方案中的验潮站设计地址，结合现场条件确定具体位置。对于岸边站，应选择与外海自由畅通，水流平稳，设备不易受风浪影响、急流冲击和船只碰撞的地点；埋设主要水准点与工作水准点；设置水尺与（或）自动验潮设备。对于海上站点，依海底底质、水深与潮流等情况确定验潮仪的稳定装置。

2）观测

（1）水准联测。

对于沿岸验潮站，按不低于四等水准测量要求，与国家水准网点联测确定主要水准点的高程。工作水准点与主要水准点之间的高差，按四等水准测量要求，工作前后各测定一次。

（2）水位零点关系测定。

按等外水准或水面水准测定工作水准点与水尺零点、各水尺零点间或水尺与自动验潮仪零点间的高差。实施水面水准法时，应在水面平静时连续观测水位三次，其高差的互差不得超过 3cm，取中数使用，超限时应重测。

水尺与自动验潮仪的零点应经常校核，最长不超过 7 天应联测一次工作水准点、水尺零点、自动验潮设备零点间的相互高差。当零点变动超过 3cm 时，应校核零点高程，校核情况应记入观测手簿。

（3）水位观测。

以水尺观测水位时，当短期和临时验潮站连续观测已达到规定的与长期验潮站同步的时间长度后，可只在水深测量及前后各延时 2 小时的时段进行水位观测。而以自动验潮仪观测水位时，采样间隔应不大于 10 分钟，若采用绝压式压力验潮仪，则需同步观测气压变化。

3. 水位数据预处理

1) 整理

对于水尺观测数据，首先将数据数字化；其次根据零点校核记录，对水位实施零点变化改正。对于自动验潮设备采集的数据，需由水密度与气压等数据实施必要的订正。

2) 预处理

预处理的内容包括：潮汐分析、粗差探测与数据修复、零点漂移探测与修正、滤波与缺测数据插补。技术方法见 5.1 节。

4. 基准面确定

对于新设立的验潮站，在长期验潮站控制下，以基准面传递技术确定水位零点、当地长期平均海面与深度基准面等之间的关系。传递方法见第 4 章，精度要求及评估的方法见 7.3 小节。结合水准联测成果，进一步确定各面的高程。

5. 水位改正数计算

按技术设计选择的水位改正方法，计算水位改正数。

6. 文档记录

对水位控制的实施进行全过程文档记录，以技术设计报告、验潮站经历簿或考证簿、技术总结报告等文档形式，记录技术设计、验潮站设立与观测、数据处理、基准面确定与水位改正数计算等过程中的关键步骤、分析论证、处理方法与过程等。

1) 技术设计报告

水位控制的技术设计一般作为测量技术设计报告的组成部分。分析测区的潮汐变化特征，给出验潮站的利用与布设方案，建议采用测区范围、验潮站位置与潮波分布等图件的形式。论证水位改正方法的选择以及验潮站布设的可行性。给出各验潮站的验潮设备、基准面确定方案以及水准联测方案等信息。

2) 验潮站经历簿或考证簿

按验潮站的类型采用相应的手簿：①对于利用的长期验潮站，采用考证簿，收集记录垂直基准关系与主要分潮的调和常数等信息；②对于拟恢复利用的历史站点，采用考证簿，记录历史数据时段、垂直基准面关系与确定方法、潮汐分析方法与主要分潮的调和常数、水位观测过程与垂直基准关系的检核过程等；③对新布设的验潮站，采用经历簿，记录水位观测过程、垂直基准关系确定过程与结果、潮汐分析及其结果等。

3）技术总结报告

水位控制的技术总结一般作为测量技术总结报告的组成部分，通常应包含验潮站设立与观测、水位数据预处理过程、基准面确定的方法与精度评估、水位改正数的计算与精度评估等信息。

§7.2　设计论证的方法

在技术设计阶段，最关键的工作是选择水位改正方法以及相应的验潮站配置，需综合考虑多种因素，通过必要的论证才能完成。不同类水位改正方法在原理上存在着根本性的差异，而原理决定了实施条件，进而决定了验潮站的分布要求。因此，将从水位改正方法的原理出发，探讨其实施条件以及评估的方法。考虑到基于 GNSS 技术的水位改正方法主要取决于 GNSS 定位以及海域垂直基准转换的精度，故不予讨论。

7.2.1　传统水位改正方法的实施条件及评估

三角分区（带）法、时差法与最小二乘拟合法等传统水位改正方法虽然在参数及其求解、水位改正数计算等方面存在明显差异，但三者是逐渐发展改进的关系，基本原理是一脉相承的，体现于对水位空间分布的描述是一致的：①三角分区（带）法在内插虚拟站水位的作业过程中隐含了以潮差比与潮时差来描述水位空间分布的思想，潮差比与潮时差主要通过水位变化的特征点（高潮与低潮）比较求得；②时差法明确以潮时差为参数描述水位的空间分布，而潮差的变化隐含于水位空间内插中；③最小二乘拟合法进一步明确以潮差比、潮时差与基准面偏差为参数描述水位的空间分布，计算方法改进为最小二乘法。因此，三种方法都隐含或明确地以潮差比与潮时差来描述水位的空间分布，相应的假设条件也是一致的：对于相邻的 A、B 两站，A 站的水位曲线经平移（潮时差）、放大或缩小（潮差比）后与 B 站的水位曲线相同，而且潮时差与潮差比在两站间的变化是均匀的。

传统水位改正方法的假设条件决定了其实施条件，验潮站的选址以及站网的空间分布配置都是以尽量满足假设条件为目标。

7.2.1.1　规范的要求及检测方法

对实施传统水位改正方法的要求，国家标准《海道测量规范》（GB 12327—1998）与行业标准《水运工程测量规范》（JTS 131—2012）体现于验潮站布设的条目："验潮站布设的密度应能控制全测区的潮汐变化。相邻验潮站之间的距离应满足最大潮高差不大于 1m、最大潮时差不大于 2h、潮汐性质基本相同。对于潮时差和潮高差变化较大的海区，除布设长期站或短期站外，也可在湾顶、河口外、水道口和无潮点处增设临时验潮站。"该条目可细分为三部分：

（1）目标要求：控制全测区的潮汐变化。

（2）特殊地点的要求：在湾顶、河口外、水道口和无潮点处增设临时验潮站。

（3）量化指标要求：最大潮高差不大于1m、最大潮时差不大于2小时、潮汐性质基本相同。

在实践工作中，该条目的执行及检测方法通常是：

（1）验潮站的控制范围或验潮站网是否能覆盖测区，通常是以站点相对测区的分布来定性判断的，如：验潮站网应覆盖整个测区；若测区为航道，则在航道两端以及沿线布设站点。

（2）若涉及所提特殊地点，则按要求在相应特殊点处增设站点。

（3）潮高差与潮时差的统计通常是在选址布站且水位观测后，由相邻站间的同步实测水位数据进行统计，事后检测是否合限。在技术设计阶段，一般由潮波图与历史资料等进行经验性的判断。

（4）潮汐性质基本相同通常以潮汐类型相同代替，在技术设计阶段，由潮波图与历史资料进行定性的判断，如由测区及周边长期验潮站的潮汐类型进行判断。事后由实测水位数据实施潮汐分析，由调和常数计算潮汐类型数，检测相邻站间的潮汐类型是否一致。

满足上述要求时，一般认为验潮站的配置达到了传统水位改正方法的实施条件。但需注意两点：

（1）按潮汐类型数的量值区间将潮汐类型划分为半日潮、不规则半日潮、不规则日潮与日潮四种类型。相邻站间潮汐类型相似不能只判断潮汐类型是否相同，还得注意潮汐类型数是否相近。如在 M_2 分潮无潮点附近或某些潮汐类型数变化梯度较大的特殊海域，两站的潮汐类型相同，但潮汐类型数可能相差较大。

（2）"最大潮高差不大于1m、最大潮时差不大于2小时"的意义主要体现于三角分区（带）法，最大潮高差的阈值限制了站间内插虚拟站的个数，最大潮时差的阈值限制了水位曲线间的距离，这对于手工作业模式是必要的，而基于计算机的三角分区（带）法、时差法与最小二乘拟合法，在理论上可连续内插任意数目的水位曲线。此时因最大潮高差与最大潮时差的阈值而造成的布设站点数量增加，从精度角度来讲并不是必需的。

7.2.1.2 基于假设条件的评估指标与评估方法

相关规范给出的是操作原则，对于潮汐变化十分复杂的中国近海而言，条目中的"潮汐性质基本相同"或者一般理解中的"潮汐类型相同"难以合理把握。此时，可回归至传统水位改正方法的假设条件，特别是三角分区（带）法中的虚拟站水位内插过程中隐含的本源思想：只有相邻两站的水位变化曲线相似，才能通过平移或缩放而内插出中间站点处的水位曲线。因此，"潮汐性质基本相同"更合理的理解应是"水位曲线相似"。判断方式可采用由同步水位曲线的人工定性判断，需特别注意日潮不等现象的一致性。以山东威海成山头附近的三个验潮站为例，验潮站与潮汐类型数分布如图7.1所示。

结合图5.21中的 M_2 潮波图可知，M_2 分潮在成山头外海存在无潮点，因此图7.1区域中的潮汐类型数变化较复杂。鸡鸣岛站、成山头站与丽江渔港站的潮汐类型数分别为0.68、1.23与0.79，量值差异较大，但都属于不规则半日潮类型。图7.2为三站某两天的同步水位变化曲线，单位为厘米。

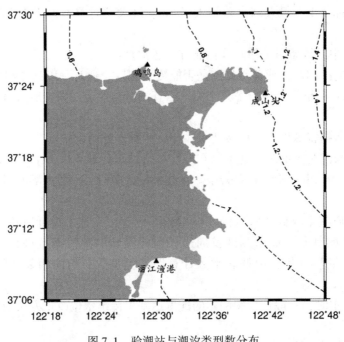

图 7.1　验潮站与潮汐类型数分布

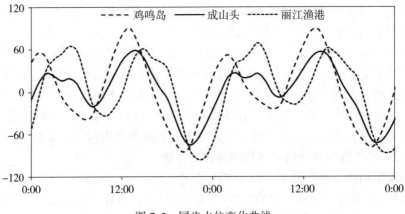

图 7.2　同步水位变化曲线

由图 7.2 可看出，三站都属于不规则半日潮类型，在整体变化趋势上比较相似，但在日潮不等现象方面存在较大的差异，其中潮汐类型数最小的鸡鸣岛站，日潮不等现象最不明显；而潮汐类型数最大的成山头站，日潮不等现象最明显。按三角分区(带)法的水位内插原理知，图 7.2 中相邻站间难以可靠内插出水位曲线，即相邻站达不到"潮汐性质基本相同"的要求。

由水位同步变化曲线定性判断相似后，相似度的定量指标可选择最小二乘拟合法的拟合误差。设 A、B 为相邻的两站，则两站间的最小二乘拟合误差定义如下：

将 A、B 两站的同步水位分段（如一天），对每段按最小二乘拟合法原理求解出 B 站相对于 A 站的潮汐比较参数 γ_{AB}、δ_{AB} 和 ε_{AB}，则该段中 B 站每个观测时刻 t 的最小二乘拟合误差 $v(t)$ 为

$$v(t) = \gamma_{AB} h_A(t + \delta_{AB}) + \varepsilon_{AB} - h_B(t) \qquad (7.1)$$

对各段的所有观测时刻计算对应的拟合误差，统计误差的量值范围以及拟合中误差 σ 为

$$\sigma = \sqrt{\frac{\sum_{i=1}^{n} v^2(t_i)}{n-3}} \qquad (7.2)$$

式中，n 为 A、B 两站的同步观测时刻数。

最小二乘拟合误差的量值范围以及拟合中误差 σ 代表了经平移、缩放与垂直移动后两站水位的相似程度，可作为两站水位相似的量化指标。在技术设计阶段，可由精密潮汐模型预报潮位进行上述的定性判断与量化指标统计；而在水位数据观测后，由实测水位数据进行更准确的分析。以图 7.1 中的三个验潮站为例，由 1 个月的同步实测水位数据统计最小二乘拟合误差，以成山头站为 A 站，统计其他两站与成山头站的最小二乘拟合误差，结果列于表 7.1，单位为厘米。

表 7.1　　　　　　　　　　　　最小二乘拟合误差的统计结果

B 站	最小值	最大值	平均值	中误差
鸡鸣岛	−33.0	38.1	−1.0	11.0
丽江渔港	−47.8	25.4	0.4	11.4

考察表 7.1 中的统计结果，中误差量值表明鸡鸣岛站、丽江渔港站的水位变化与成山头站在基本趋势上是一致的，这符合图 7.2 中水位曲线的整体变化趋势比较。但拟合误差最值的量值范围较大，表明存在相似度差的时段。将拟合误差随时间的变化以曲线形式绘出，并与水位变化曲线并列，据此考察拟合误差与水位相似度的关系。以丽江渔港站与成山头站为例，拟合误差与水位变化曲线如图 7.3 所示，时段与图 7.2 一致，单位为厘米。

由图 7.3 可看出，两站水位相似度较差的时段重合于两站日潮不等现象明显不一致的时段，也是拟合误差量值较大的时段。因此，表 7.1 中的最值代表了两站水位相似度最差的程度。

7.2.2　基于潮汐模型与余水位监控法的实施条件及评估

基于潮汐模型与余水位监控法是将水位分解为天文潮位和余水位，潮汐模型和验潮站分别内插天文潮位与余水位至测深点处，再重组为水位。据此原理可知，该方法的适用性主要取决于潮汐模型的天文潮位预报精度和余水位的传递精度。中国近海潮汐变化复杂，潮差与潮汐类型在不同区域间差异大，因此，潮汐模型的精度以及余水位的空间一致性都存在区域差异，需要收集历史验潮资料进行适用性检测，评估在测区可能达到的水位改正

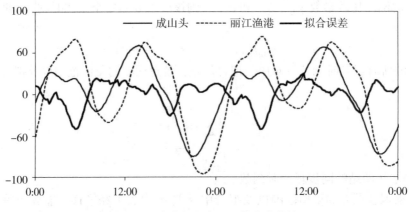

图 7.3　水位与拟合误差的变化曲线

精度。

7. 2. 2. 1　潮汐模型的精度评估

潮汐模型在测区的精度评估，包括模型的分辨率、有效网格点的覆盖程度以及天文潮位的预报精度等内容。模型的分辨率高、在测区的覆盖程度好，代表着模型可精细地表征潮波在测区范围内的变化，且可采用内插的方式实现任意点处的调和常数插值。天文潮位的预报精度代表了模型在测区范围内的绝对精度。其中，潮汐模型的覆盖程度可通过标注模型有效网格点的方法进行查看，而潮汐模型的天文潮位预报精度则以测区及周边站点的调和常数进行评估。

设潮汐模型包含 m 个分潮，内插出某个验潮站处各分潮的调和常数，记为 H_i 与 g_i；而验潮站潮汐分析获得的对应分潮调和常数记为 $\overline{H}_i$ 与 $\overline{g}_i$。若 n 个验潮站参与评估，可统计出各分潮振幅和迟角的中误差，一般以此作为潮汐模型的精度指标。但将潮汐模型用于水位改正时，更关心的是天文潮位的预报精度，可采用两种方法进行评估：

1. 统计的方法

在一个验潮站处，对于 m 个分潮中的某个分潮 i，潮汐模型内插的调和常数 H_i 与 g_i、验潮站潮汐分析获得的调和常数 $\overline{H}_i$ 与 $\overline{g}_i$ 预报同时刻的天文潮位，分别记为 $T(t)$ 与 $\overline{T}(t)$，则两者的差异 $\Delta T(t) = T(t) - \overline{T}(t)$ 即为该时刻的天文潮位预报误差。预报一个完整潮汐周期（19 年）的整时潮位，可统计出潮汐模型在该验潮站处的天文潮位预报误差的区间分布情况、最值、平均值与中误差。若 n 个验潮站参与评估，则可对每个验潮站实施相应的统计。

2. 公式计算的方法

在一个验潮站处，对于 m 个分潮中的某个分潮 i，在分潮 i 的一个周期 T 内，天文潮位预报误差 $\Delta T_i(t)$ 平方的平均值 $\overline{(\Delta T_i)^2}$ 为

$$\overline{(\Delta T_i)^2} = \frac{1}{T}\int_0^T \left[T_i(t) - \overline{T}_i(t) \right]^2 \mathrm{d}t$$

$$= \frac{1}{T}\int_0^T \left[H_i\cos(\sigma t - g_i) - \overline{H}_i\cos(\sigma t - \overline{g}_i) \right]^2 \mathrm{d}t$$

$$= \frac{1}{T}\int_0^T \left[H_i^C\cos\sigma t - \overline{H}_i^C\cos\sigma t + H_i^S\sin\sigma t - \overline{H}_i^S\sin\sigma t \right]^2 \mathrm{d}t \tag{7.3}$$

$$= \frac{1}{T}\int_0^T \left[\Delta H_i^C\cos\sigma t + \Delta H_i^S\sin\sigma t \right]^2 \mathrm{d}t$$

$$= \frac{1}{2}\left[(\Delta H_i^C)^2 + (\Delta H_i^S)^2 \right]$$

式中，H_i^C、H_i^S 为分潮 i 的调和常数 H_i 与 g_i 对应的余弦分量与正弦分量；$\overline{H}_i^C$、$\overline{H}_i^S$ 为 $\overline{H}_i$ 与 $\overline{g}_i$ 对应的余弦分量与正弦分量；ΔH_i^C、ΔH_i^S 为相应的差异，即

$$\begin{cases} \Delta H_i^C = H_i^C - \overline{H}_i^C \\ \Delta H_i^S = H_i^S - \overline{H}_i^S \end{cases} \tag{7.4}$$

据式(7.3)引入分潮综合预报中误差 RMS(root mean squares)的定义，作为分潮 i 在某个验潮站 j 处的天文潮位预报精度指标 RMS_i^j：

$$\mathrm{RMS}_i^j = \sqrt{\overline{(\Delta T_i)^2}} = \sqrt{\frac{1}{2}\left[(\Delta H_i^C)^2 + (\Delta H_i^S)^2 \right]} \tag{7.5}$$

同时顾及 m 个分潮的天文潮位预报精度指标为总体综合预报误差 RSS(root sum squares)，在验潮站 j 处的 RSS^j 定义为

$$\mathrm{RSS}^j = \sqrt{\sum_{i=1}^m (\mathrm{RMS}_i^j)^2} \tag{7.6}$$

若 n 个验潮站参与评估，则对每个验潮站按式(7.5)与式(7.6)计算潮汐模型在各站处各分潮的综合预报中误差 RMS 以及总体综合预报误差 RSS。也可按下式计算分潮 i 综合 n 个验潮站结果的 $\overline{\mathrm{RMS}}_i$：

$$\overline{\mathrm{RMS}}_i = \sqrt{\frac{1}{n}\sum_{j=1}^n (\mathrm{RMS}_i^j)^2} \tag{7.7}$$

再类似于式(7.6)计算综合 n 个验潮站结果的顾及 m 个分潮的 $\overline{\mathrm{RSS}}$：

$$\overline{\mathrm{RSS}} = \sqrt{\sum_{i=1}^m (\overline{\mathrm{RMS}}_i)^2} \tag{7.8}$$

以某个测量任务为例，如图 7.4 所示，采用 5.3.3 小节的中国近海及邻近海域精密潮汐模型实施上述评估。图中实线所围海域为测区，南澳岛站、汕头站与海门站为测区附近的长期验潮站，+为潮汐模型的有效网格点。

由图 7.4 可看出，该潮汐模型覆盖了测区及附近海域，边缘与陆地、海岛的岸线基本保持一致。以图中三个长期验潮站评估潮汐模型的天文潮位预报精度，由各站一年以上的实测水位数据按长期调和分析获得主要分潮的调和常数，分别采用统计的方法和公式计算

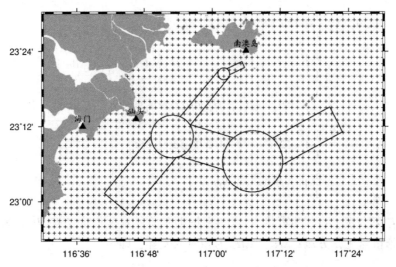

图 7.4 测区及附近海域的有效网格点与长期验潮站分布

的方法实施评估。

1. 统计的方法

19 年整时潮位的天文潮位预报误差统计结果列于表 7.2。

表 7.2 统计方法的潮汐模型精度评估结果

验潮站	误差分布			精度指标（cm）		
	±10cm	±20cm	±30cm	最小值	最大值	中误差
南澳岛	90.3%	100%	100%	−16.6	18.2	5.9
汕 头	88.6%	100%	100%	−17.4	19.8	6.3
海 门	77.1%	97.8%	100%	−26.7	27.0	8.4

2. 公式计算的方法

计算结果列于表 7.3，按式（7.5）计算各分潮在各站处的 RMS_i^j（表中仅列出 9 个主要分潮，未列出浅水分潮），进而按式（7.6）计算各站处的 RSS^j。由各站的计算结果分别按式（7.7）与式（7.8）计算综合三个验潮站的 $\overline{RMS_i}$ 与 $\overline{RSS}$，列于表中最后一行，单位为厘米。

表 7.3 公式计算方法的潮汐模型精度评估结果

验潮站	S_a	S_{sa}	Q_1	O_1	P_1	K_1	N_2	M_2	S_2	K_2	RSS
南澳岛	0.0	0.0	0.3	1.3	0.5	1.8	1.6	3.1	0.8	1.4	5.9
汕 头	0.1	0.0	0.3	1.6	0.5	2.3	1.3	3.5	0.9	1.2	6.2
海 门	1.0	1.6	0.6	3.2	0.9	3.7	1.5	4.4	1.2	1.1	8.4
综 合	0.6	0.9	0.4	2.2	0.7	2.7	1.4	3.7	1.0	1.2	6.9

考察发现表 7.2 中的中误差与表 7.3 中的 RSS 在各站处的量值可认为是相同的。

7.2.2.2 余水位的空间一致性评估

余水位的空间相关程度与海域有关,水深越深、海域越开阔,余水位的空间相关性越强,或者说验潮站余水位可传递的距离越远、范围越大。而余水位在入海口、海湾内外等可能存在突变,需实施更细致的评估。

利用测区及附近验潮站的实测同步水位数据,计算各站的余水位,站间余水位的一致性评估可分为三个部分:

(1)由余水位同步变化曲线定性判断一致性。

(2)统计站间余水位差异的均值、标准差、最值与分布情况。

(3)对差异(绝对值)较大的时段逐一检查,查看是否是气象条件较差的原因,判断的依据是两站或多站相应时段的余水位量值是否明显偏大。若余水位量值明显偏大,可认为气象条件较差。在此气象条件下,一般不实施水深测量,故对水位改正的实际影响较小。

以图 7.4 的测区为例,图中的南澳岛站与汕头站存在三年的同步实测水位数据,首先,由余水位同步变化曲线可定性判断出两站的余水位一致性强,图 7.5 为某天的余水位同步变化曲线,单位为厘米。

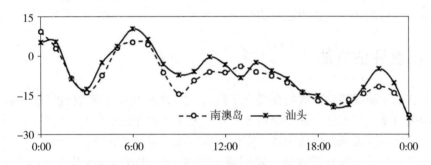

图 7.5 南澳岛站与汕头站某天的余水位同步变化曲线

其次,统计两站余水位的差异,统计结果列于表 7.4。

表 7.4 南澳岛站与汕头站的余水位差异统计结果

误差分布			精度指标(cm)		
±5cm	±10cm	±15cm	最小值	最大值	中误差
85.9%	98.7%	99.7%	−36.0	27.3	3.6

表 7.4 的统计结果也证明两站的余水位一致性很强。

最后,对差异(绝对值)较大的时段进行检查,发现较大差异出现在余水位量值偏大时段,个别出现于其中一站水位异常变化时段。图 7.6 为出现表 7.4 中差异最大值的时段,单位为厘米。

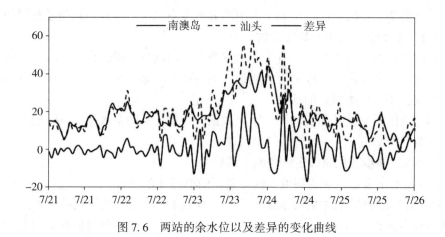

图 7.6　两站的余水位以及差异的变化曲线

图 7.6 表明，差异最大值出现在余水位量值偏大时段，可认为是气象条件较差的时段。

定性与定量评估表明南澳岛站与汕头站的余水位一致性强，而测区处于验潮站外侧的开阔海域，有理由相信余水位的一致性更强。综合潮汐模型的精度评估，可认为基于潮汐模型与余水位监控的水位改正方法可应用于该测区。

§7.3　精度评估方法

传统上，以主测线与检查线的交叉点不符值、多波束相邻条带重叠区域的同名点不符值作为水深测量及其数据处理的综合精度指标，并不单独评估水位改正的精度。水位改正包含了平均海面与深度基准面的传递确定以及水位改正数的计算等关键过程。从质量控制角度，应对关键过程实施精度评估，特别需要关注平均海面与深度基准面的传递确定精度，因为该误差将作为水深成果的系统偏差，并不能体现于交叉点或同名点不符值中。

7.3.1　平均海面传递的精度评估

布设的验潮站通常验潮数天至数月，其平均海面应由邻近长期站以水准联测法、同步改正法与回归分析法等传递确定。

7.3.1.1　精度指标

《海道测量规范》（GB 12327—1998）与《水运工程测量规范》（JTS 131—2012）等国家与行业规范中规定短期验潮站平均海面的传递误差不得大于 10cm。实践操作中通常理解为传递确定平均海面的中误差应小于 10cm，该精度指标已延续使用了数十年。考虑到目前的测深仪器与技术现状，对于沿岸浅水海域的工程测量，特别是港口与重要航道的多波束全覆盖测量，平均海面作为深度基准面的更高一级的垂直基准，中误差 10cm 的精度指标已明显过低。因此，以 10cm 作为 95% 置信度的误差指标是较合适的，也可近似地取为 2 倍中误差，即中误差为 5cm。中国沿岸典型验潮站的统计表明，同步 7 天时，同步改正法基本能保证误差极值在 ±10cm 内、中误差在 5cm 内。

7.3.1.2　精度评估方法

对于相邻的长期站 A_1，若存在水准联测数据或成果等必要的资料，则可由水准联测法计算出传递值；若存在同步水位数据，则分别可由同步改正法与回归分析法计算出两个传递值，因此，在相关数据资料充足的前提下，可采用三种方法由长期站 A_1 计算出三个传递值，合称为同一基准站不同方法传递值。对于其他的相邻长期站 A_2 等，都可按数据资料情况计算传递值。传递精度评估的基本思路是不同方法、不同基准站的传递值间进行互相检核。首先，统计不同传递值间差异的量值及规律性：

(1)若同一基准站不同方法传递值间的差异较大，则需从传递方法的原理出发，分析可能的原因，如：①对于水准联测法，验潮站间的水准点没有直接联测，而是采用历史成果，可能存在水准点高程系统不一致或多年沉降累积等原因；②对于同步改正法，同步时段内其中一站存在缺测情况，未限制只采用两站同时刻水位数据；③对于回归分析法，同步时长在 7 天内时应慎用，或者因存在缺测而使日平均海面不准确。

(2)若同一基准站不同方法传递值间的差异较小，但不同基准站传递值间存在系统性的差异，则原因可能是各基准站的平均海面采用的实测水位数据的时段不一致，如 A_1 站为 1980—1981 年的计算结果，A_2 站为 2000—2005 年的计算结果。

其次，根据数据等信息以及分析的原因，给出各传递值的取舍意见。

最后，多个传递值取(距离倒数加权)平均值，由多个传递值间的差异统计中误差。

7.3.2　深度基准面传递的精度评估

7.3.2.1　长期验潮站 L 值最低潮意义不一致问题

长期验潮站处的平均海面、深度基准面与大地水准面等海域垂直基准关系是确定短期验潮站相关关系的基准，因此，长期验潮站起着维持海域垂直基准框架的作用。由海洋潮汐理论以及美国等的实践，长期站的平均海面与深度基准面等潮汐基准面应统一采用某一连续 19 年的实测水位数据计算。但国内的现状远没达到该理想状态。

计算所用的水位数据时段，称为历元。如以 2000—2002 年时段计算平均海面，则称平均海面的历元为 2000—2002 年。对于平均海面，因长期站的历元不一致而使得不同长期站传递值之间可能存在着明显差异。对于深度基准面，除了历元不一致问题，还存在着算法实现不一致的问题。虽然我国自 1956 年起将深度基准面统一于理论最低潮面，采用弗拉基米尔斯基算法，但算法具体实现存在多样性：

(1)从苏联原始引进的弗拉基米尔斯基算法并不是由 13 个分潮整体综合叠加计算，而是采用分段计算的方式，分段计算 L_8、浅水改正 $L_{shallow}$ 与长周期改正 L_{long}：先计算 L_8，再计算 $L_{shallow}$ 与 L_{long}，最后叠加。

(2)浅水分潮改正存在量值限制条件：只在 M_4、MS_4、M_6 的振幅和达到 20cm 时，才计算浅水改正 $L_{shallow}$。

(3)长周期改正 L_{long} 可由平均海面季节改正数代替。

《海道测量规范》(GB 12327—1990)取消了浅水分潮改正关于其量值的限制条件，规定统一采用 13 个分潮，并将分段求取的计算方式改为 13 个分潮整体综合叠加计算。在此之前确定 L 值的长期站，可能采用了不同的算法。事实上，部分长期验潮站的 L 值甚至是由邻近站传递确定的，并不是由调和常数计算。此类情况统称为算法实现的多样性。

对于不同长期站，若深度基准面的历元与算法实现都一致，则称深度基准面的最低潮意义一致。而其中任一个不一致时，则称最低潮意义不一致。长期站的深度基准面现采用值所涉及的详细信息一般都不公开，包括所用的水位数据时段、潮汐分析方法与理论最低潮面的算法实现等，因此难以给出明确的历元与算法实现。但据相关学者的考证，长期站深度基准面最低潮意义不一致现象是普遍存在的。对于短期站，其深度基准面以传递技术确定，可认为与基准站具有最低潮意义一致性。随着涉海单位不断建设长期站，分布密度已基本能保证短期站的深度基准面由多个长期站传递确定。因长期站建设年代及管理单位的不同，当各长期站的最低潮意义不一致时，可能导致不同长期站传递结果间存在明显矛盾。

7.3.2.2　精度指标

按现行的国家与行业规范，长期验潮站的深度基准面 L 值一直被认为是区域深度基准面的基准起算数据，在测量作业中不涉及其精度指标问题。对于短期验潮站 L 值的确定，现行的《海道测量规范》(GB 12327—1998)未给出精度指标，而是给出了十分宽松的规定：具有一次 24 小时或三次 24 小时或 15 天的水位资料，都可进行(准)调和分析后按定义独立计算深度基准面 L 值。由前述深度基准面的稳定性可知，据此时长水位数据直接计算的 L 值存在较大的误差，已不能满足沿岸水深测量(特别是高精度水下地形测量)的精度要求。目前，在实践中基本都是采用传递确定短期验潮站 L 值的方式。相关的研究与统计分析表明，深度基准面 L 值的传递宜以 15cm 作为 95% 置信度的精度指标(对应于中误差约 7.5cm)，大潮或回归潮期间同步 7 天或其他时段同步 10 天，传递精度一般就能达到该精度指标。

7.3.2.3　精度评估方法

类似于平均海面传递的精度评估，深度基准面传递精度评估的基本思路是不同方法、不同基准站的传递值之间进行互相检核。因 L 值的量值与潮差等信息相关，使得深度基准面传递精度的评估更加复杂，以下两个问题是传递结果间产生差异的可能原因：

1. 略最低低潮面比值法、潮差比法与差分订正法的假设条件差异

(1)略最低低潮面比值法的假设条件是略最低低潮面值与深度基准面 L 值成线性比例关系。该方法不要求两站的潮汐类型相似，可认为传递确定的 L 值与长期站 L 值具有最低潮意义一致性。

(2)潮差比法的假设条件是潮差与深度基准面 L 值呈线性比例关系。应用前提是潮汐类型相似，可认为传递确定的 L 值与长期站 L 值具有最低潮意义一致性。

(3)差分订正法是假设主要分潮调和常数变化在两站间一致，将短期站的调和常数订正至长期站的长期调和常数历元，进而按理论最低潮面定义算法计算 L 值。因未涉及长期站的 L 值，故传递确定的 L 值与长期站 L 值并不具有最低潮意义一致性。

各传递方法的精度与海域潮汐变化相关，没有通用的适用距离，通常需依据已知长期站间的检测或对比分析才能给出结论。

2. 最低潮意义不一致问题

若同一基准站不同方法(除差分订正法)传递值间的差异较小，而不同基准站传递值间存在系统性的差异，则可判断出长期站 L 值之间存在最低潮意义不一致问题。此时，传

递值的选择需考虑短期站与长期站的相对空间分布关系，原则是保持 L 值的空间连续平滑分布。如短期站处于两个长期站之间，则 L 值取两站传递值的距离倒数加权均值。

7.3.3 水位改正数计算的精度评估

与设计论证相对应，按采用的水位改正方法将精度评估分为传统水位改正方法的精度评估、基于潮汐模型与余水位监控法的精度评估。

7.3.3.1 传统水位改正方法的精度评估

从传统水位改正方法的假设条件出发，水位改正数的计算精度取决于相邻站间水位曲线是否相似以及站间的水位变化是否均匀。因此，精度评估基于两个方面：

1. 相邻站间水位曲线的相似程度

相邻站间水位曲线相似是传统水位改正方法的实施条件。类似于实施条件的评估，按前述定义的最小二乘拟合误差，由相邻站的同步实测水位数据计算各同步时刻的最小二乘拟合误差，统计量值范围以及中误差，作为相邻站水位相似的量化指标。

2. 相邻站间的水位变化是否均匀

站间水位变化是否均匀，可由站间是否存在阻挡以及潮波图实施定性判断。当测区分布多个验潮站且满足一定的空间分布条件时，可选择中间站为检核站，以其两侧站采用水位改正法内插中间站水位，以内插误差作为量化指标。

以某次测量为例，水位改正方法采用最小二乘拟合法，测区及验潮站位置如图 7.7 所示，图中实线所围海域为测区，共利用或布设了 6 个验潮站。

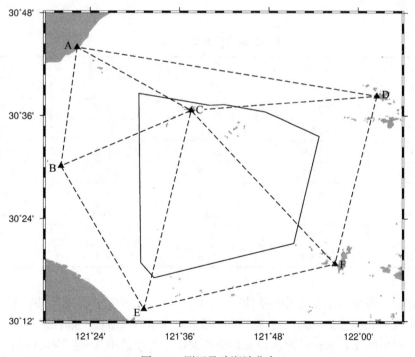

图 7.7　测区及验潮站分布

首先，由同步水位变化曲线定性判断相邻站水位的相似程度。经查看，6 个验潮站的水位相似程度高，图 7.8 为某天的同步水位变化曲线，单位为厘米。

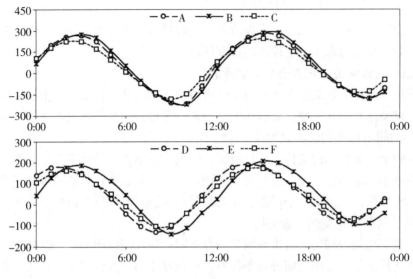

图 7.8　同步水位变化曲线

其次，由约 45 天的同步实测水位数据统计相邻站间的最小二乘拟合误差，结果列于表 7.5，单位为厘米。

表 7.5　　　　　　　　　　最小二乘拟合误差的统计结果

相邻站	最小值	最大值	平均值	中误差
A、B	−23.4	22.3	0.0	6.0
A、C	−21.1	21.7	0.0	5.8
B、C	−22.8	30.5	0.0	7.0
C、D	−17.4	23.9	0.0	6.2
B、E	−41.8	35.2	0.0	12.2
E、C	−42.2	35.8	0.0	10.1
E、F	−20.2	25.0	−0.1	6.9
C、F	−23.2	21.9	0.0	8.2
F、D	−19.1	19.6	0.0	5.4

相邻站间的最小二乘拟合中误差最大为 12.2cm，因包含了气象条件较恶劣的时段，使得误差出现较大的量值范围。整体上，相邻站间的水位相似程度都较高。

最后，以中间站点为检核站，以其两侧或四周站点按最小二乘拟合法内插检核站的水位，与实测水位的差异即为两侧或四周站点计算该站点处水位改正数的误差。经统计，以

A 与 F 内插 C 处水位的中误差为 7.1cm；以 B 与 D 内插 C 处水位的中误差为 8.3cm；以 A、B、E、F 与 D 内插 C 处水位的中误差为 8.2m。在实际计算水位改正数时，6 个验潮站都将用于计算，因此，水深测量点至最近验潮站的距离大多都短于上述相邻验潮站间距离的一半，实际水位改正精度高于该统计结果。

7.3.3.2 基于潮汐模型与余水位监控法的精度评估

当测区存在两个及以上验潮站时，以两个邻近同步站为一组，分别记为余水位监控站与检核站，由余水位监控站按基于潮汐模型与余水位监控法计算检核站处的水位改正数，与检核站的实测水位进行比较，统计差异的量值与中误差等。统计结果是以余水位监控站实施水位改正时在检核站处能达到的水位改正精度。以图 7.4 所示的测量任务为例，以南澳岛、汕头与海门三个长期站对适用性进行了论证。在测量实施阶段，布设了云澳、靖海湾与海上定点三个验潮站，如图 7.9 所示。

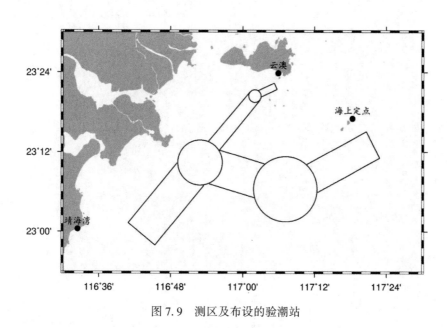

图 7.9 测区及布设的验潮站

分别以云澳、靖海湾以及两站作为余水位监控站，计算海上定点站处的水位改正数，与该站实测水位进行比较。精度评估统计结果列于表 7.6。

表 7.6 水位改正精度评估

余水位监控站	误差分布			精度指标（cm）		
	±5cm	±10cm	±15cm	最小值	最大值	中误差
云　澳	49.7%	91.2%	99.8%	−17.4	12.2	6.2
靖海湾	41.1%	70.8%	90.2%	−20.0	42.4	9.6
云澳、靖海湾	52.6%	90.8%	99.8%	−16.5	16.8	6.1

　　由表 7.6 知，云澳与靖海湾分别单站作为余水位监控站时，云澳站的精度高于靖海湾站，主要原因是：与海上定点站的距离，云澳站约为 25km，而靖海湾站约为 84km，距离越近余水位的一致性越高。因测深数据的水位改正数是同时以三站为余水位监控站，余水位的空间插值方式将由表 7.6 的外推转为内插，所以精度也将高于表 7.6 中的精度评估结果，即表 7.6 是水位改正精度的保守估计。

参 考 文 献

[1] 暴景阳. 海图深度基准面的定义、标定与维持[J]. 海洋测绘, 2000, 20(4)：4-8.

[2] 暴景阳, 黄辰虎, 刘雁春, 等. 海图深度基准面算法研究[J]. 海洋测绘, 2003, 23(1)：8-12.

[3] 暴景阳, 刘雁春, 晁定波, 等. 中国沿岸主要验潮站海图深度基准面的计算与分析[J]. 武汉大学学报(信息科学版), 2006, 31(3)：224-228.

[4] 暴景阳, 刘雁春. 海道测量水位控制方法研究[J]. 测绘科学, 2006, 31(6)：49-51.

[5] 暴景阳, 张明亮, 唐岩, 等. 理论最低潮面定义和算法的应用问题分析[J]. 海洋测绘, 2009, 29(4)：1-4.

[6] 暴景阳, 许军. 卫星测高数据的潮汐提取与建模应用[M]. 北京：测绘出版社, 2013.

[7] 暴景阳, 许军. 中国沿岸验潮站潮汐调和常数的精度评估[J]. 海洋测绘, 2013, 33(1)：1-4.

[8] 暴景阳, 许军, 崔杨. 调和常数及深度基准面的变化与历元订正[J]. 海洋测绘, 2013, 33(3)：1-5.

[9] 暴景阳, 许军, 关海波. 平均大潮高潮面的计算方法与比较[J]. 海洋测绘, 2013, 33(4)：1-5.

[10] 暴景阳, 许军. 海道测量水位控制的技术体系及标准更新[J]. 海洋测绘, 2016, 36(6)：1-6.

[11] 边少锋, 柴洪洲, 金际航. 大地坐标系与大地基准[M]. 北京：国防工业出版社, 2005.

[12] 边少锋, 李文魁. 卫星导航系统概论[M]. 北京：电子工业出版社, 2005.

[13] 边志刚, 王冬, 许军. 渤海海峡及附近水域水位控制的组织与实施[J]. 海洋测绘, 2017, 37(3)：45-48.

[14] 陈宗镛. 潮汐学[M]. 北京：科学出版社, 1980.

[15] 邓凯亮, 暴景阳, 刘雁春, 等. 联合多代卫星测高数据确定中国近海稳态海面地形模型[J]. 测绘学报, 2009, 38(2)：114-119.

[16] 段福楼. 关于同步改正法求得短期验潮站平均海面所需同步天数的探讨[J]. 海洋测绘, 1997, 17(4)：23-28.

[17] 方国洪, 郑文振, 陈宗镛, 等. 潮汐和潮流的分析和预报[M]. 北京：海洋出版社, 1986.

[18] 海军司令部航海保证部. GB12327—1998 海道测量规范[S]. 北京：国家质量技术监督局, 1998.

[19] 黄辰虎, 马福诚, 吕良, 等. 潮汐性质相似性判断的两个指标及其应用[J]. 海洋测绘,

2007，27（6）：12-15.

[20]黄祖珂，黄磊. 潮汐原理与计算[M]. 青岛：中国海洋大学出版社，2005.

[21]刘雷，董玉磊，曲萌，等. 基于潮汐模型与余水位监控法的实例分析[J]. 海洋测绘，2015，35（4）：36-39.

[22]刘庆东，俞成明，许军. 粤东船舶定线制测量中水位控制的实施[J]. 海洋测绘，2015，35（6）：41-43.

[23]刘雁春. 海道测量基准面传递的数学模型[J]. 测绘学报，2000，29（4）：310-316.

[24]刘雁春. 海洋测深空间结构及其数据处理[M]. 北京：测绘出版社，2003.

[25]刘雁春，肖付民，暴景阳，等. 海道测量学概论[M]. 北京：测绘出版社，2006.

[26]陆秀平，黄辰虎，黄谟涛，等. 浅水多波速测深潮汐改正技术研究[J]. 武汉大学学报（信息科学版），2008，33（9）：922-925.

[27]孟德润，田光耀，刘雁春. 海洋潮汐学[M]. 北京：海潮出版社，1993.

[28]孟昭旭，暴景阳，许军. 利用长期验潮站信息订正中期验潮站的调和常数[J]. 海洋测绘，2005，25（3）：8-10.

[29]欧阳永忠，陆秀平，孙纪章，等. GPS 测高技术在无验潮水深测量中的应用[J]. 海洋测绘，2005，25（1）：6-9.

[30]裴文斌，牛桂芝，董海军. 余水位及潮汐差分方法[J]. 水道港口，2007，28（6）：439-443.

[31]齐珺. 海图深度基准面的定义、算法及可靠性研究[D]. 大连：海军大连舰艇学院，2007.

[32]沈云中，白征东. GPS 免验潮水下地形测量的数据处理模型[J]. 工程勘察，2002，2：55-58.

[33]田光耀. 关于同步观测长度的探讨[J]. 海洋测绘，1999，19（1）：35-38.

[34]同济大学数学系. 高等数学[M]. 北京：高等教育出版社，2007.

[35]王骥，刘克修. 关于海图深度基准面计算方法的若干问题[J]. 海洋测绘，2002，22（4）：10-13.

[36]王征，桑金，王骥. 海洋潮位推算在水深测量中的应用[J]. 海洋测绘，2002，22（2）：4-7.

[37]武汉大学测绘学院测量平差学科组. 误差理论与测量平差基础（第三版）[M]. 武汉：武汉大学出版社，2014.

[38]吴俊彦，韩范畴，成俊，等. 我国深度基准面不统一所带来的问题与对策[J]. 海洋测绘，2008，28（4）：54-56.

[39]谢锡君，翟国君，黄谟涛. 时差法水位改正[J]. 海洋测绘，1988，8（3）：22-26.

[40]肖付民，刘雁春，暴景阳，等. 海道测量实用潮汐[M]. 北京：测绘出版社，2017.

[41]许军. 卫星测高技术在海洋动态垂直基准中的应用研究[D]. 大连：海军大连舰艇学院，2006.

[42]许军，暴景阳，刘雁春，等. 基于 POM 模式与 blending 同化法建立中国近海潮汐模型[J]. 海洋测绘，2008，28（6）：15-17.

[43]许军.水下地形测量的水位改正效应研究[D].大连：海军大连舰艇学院，2009.

[44]许军，暴景阳，刘雁春，等.平均海面同步改正传递法的误差分析[J].海洋测绘，2012，32(4)：22-24.

[45]许军，暴景阳，于彩霞.平均海面传递方法的比较与选择[J].海洋测绘，2014，34(1)：5-7.

[46]许军，暴景阳，于彩霞.关于平均海面精度指标的探讨[J].海洋测绘，2017，37(1)：6-8.

[47]许军，暴景阳，于彩霞.《海道测量规范》中水位控制部分修订的要点[J].海洋测绘，2017，37(2)：17-19.

[48]许军，暴景阳，于彩霞.关于理论最低潮面定义算法的修订[J].海洋测绘，2017，37(4)：11-14.

[49]许军，桑金，刘雷.中国近海及邻近海域精密潮汐模型的构建[J].海洋测绘，2017，37(6)：13-16.

[50]张锦文.一种乘潮水位统计方法[J].海洋通报，1984，3(4)：9-18.

[51]赵建虎，王胜平，张红梅，等.基于GPS PPK/PPP的长距离潮位测量[J].武汉大学学报(信息科学版)，2008，33(9)：910-913.

[52]郑文振.实用潮汐学[M].天津：中国人民解放军海军司令部海道测量部，1959.

[53]郑文振.我国海平面年速率的分布和长周期分潮的变化[J].海洋通报，1999，18(4)：1-10.

[54]中华人民共和国交通运输部.JTS 131—2012 水运工程测量规范[S].北京：人民交通出版社，2012.

[55]中华人民共和国交通运输部.JTS 145—2015 港口与航道水文规范[S].北京：人民交通出版社，2015.

[56]周丰年，田淳.利用GPS在无验潮模式下进行江河水下地形测量[J].测绘通报，2001，5：28-30.

[57]Hicks,S.D. Tide and Current Glossary[M]. U.S. NOAA National Ocean Service, Center for Operational Oceanographic Products and Services,2000.

[58]International Hydrographic Organization. Manual on Hydrography [M]. Monaco：International Hydrographic Bureau,2005.

[59]U.S. National Oceanic and Atmospheric Administration. Tidal Datums and Their Applications[R]. NOAA Special Publication NOS CO-OPS 1,2001.

附　　录

附录A　分潮信息

A.1　杜德逊展开的分潮信息

杜德逊采用布朗月理于1921年首次给出了引潮力的纯调和展开式，并给出了300多个纯调和分潮。现引用《潮汐和潮流的分析和预报》(方国洪，等，1986)所列分潮中的385个，列于附表A.1。表中以亚群分组，因同一亚群分潮的前三个杜德逊数相同，故只列出亚群中第一个分潮的前三个杜德逊数。表中的系数C代表了各分潮的相对大小，以5位小数表示，同一亚群中只完整列出第一个分潮的系数，后续分潮省略前面的零，如表中序号为3的分潮，其杜德逊数为0，0，0，0，2，0，系数为0.00064。

附表A.1　　　　　　　　　　　　杜德逊展开的分潮信息

序号	μ_1	μ_2	μ_3	μ_4	μ_5	μ_6	μ_0	名称	系数 C
1	0	0	0	0	0	0	0	S_0	0.73806
2				0	1	0	2		6556
3				0	2	0	0		64
4				2	1	0	2		9
5	0	0	1	0	−1	−1	0		0.00009
6				0	0	−1	0		1156
7				0	0	1	2		62
8				0	1	−1	2		11
9	0	0	2	−2	−1	0	2		0.00005
10				−2	0	0	0		74
11				0	0	0	0	S_{sa}	7281
12				0	0	−2	0		29
13				0	1	0	2		180
14				0	2	0	2		40

序号	μ_1	μ_2	μ_3	μ_4	μ_5	μ_6	μ_0	名称	系数 C
15	0	0	3	0	0	−1	0		0.00426
16				0	1	−1	2		7
17	0	0	4	0	0	−2	0		0.00017
18	0	1	−3	1	−1	1	2		0.00005
19				1	0	1	0		67
20	0	1	−2	−1	−2	0	2		0.00006
21				−1	−1	0	2		15
22				1	−1	0	2		113
23				1	0	0	0		1579
24				1	1	0	2		103
25	0	1	−1	−1	0	1	0		0.00051
26				0	0	0	2		46
27				1	0	−1	2		11
28	0	1	0	−1	−2	0	0		0.00007
29				−1	−1	0	2		542
30				−1	0	0	0	M_m	8254
31				−1	1	0	2		536
32				1	0	0	2		441
33				1	1	0	2		180
34				1	2	0	2		49
35	0	1	1	−1	0	−1	2		0.00043
36	0	1	2	−1	0	0	2		0.00115
37				−1	1	0	2		58
38				−1	2	0	2		10
39	0	1	3	−1	0	−1	2		0.00005
40	0	2	−4	2	0	0	0		0.00026
41	0	2	−3	0	0	1	0		0.00090
42				0	1	1	2		5
43	0	2	−2	0	−1	0	0		0.00098
44				0	0	0	0	$\overline{MS}_f$	1369

序号	μ_1	μ_2	μ_3	μ_4	μ_5	μ_6	μ_0	名称	系数 C
45				0	1	0	2		88
46				2	0	0	2		9
47	0	2	−1	−2	0	1	0		0.00008
48				−1	0	0	2		7
49				0	0	−1	2		15
50				0	0	1	0		48
51				0	1	1	0		10
52	0	20	0	−2	−1	0	2		0.00036
53				−2	0	0	0		676
54				−2	1	0	2		44
55				0	0	0	0	M_f	15647
56				0	1	0	0		6483
57				0	2	0	0		606
58				0	3	0	2		13
59	0	2	1	−2	0	−1	2		0.00007
60				0	0	−1	2		54
61				0	1	−1	2		14
62	0	2	2	−2	0	0	2		0.00047
63				−2	1	0	2		18
64				0	2	0	2		7
65	0	3	−5	1	0	1	0		0.00005
66	0	3	−4	1	0	0	0		0.00041
67	0	3	−3	−1	0	1	0		0.00016
68				1	0	1	0		0.00027
69				1	1	1	0		0.00011
70	0	3	−2	−1	−1	0	0		0.00022
71				−1	0	0	0		217
72				−1	1	0	2		14
73				1	0	0	0		569
74				1	1	0	0		236
75				1	2	0	0		21

续表

序号	μ_1	μ_2	μ_3	μ_4	μ_5	μ_6	μ_0	名称	系数 C
76	0	3	−1	−1	0	1	0		0.00031
77				−1	1	1	0		10
78				0	0	0	2		17
79				0	1	0	2		7
80				1	0	−1	2		5
81	0	3	0	−3	0	0	0		0.00054
82				−3	1	−1	2		9
83				−3	1	1	2		9
84				−1	0	0	0	M_{tm}	2996
85				−1	1	0	0		1241
86				−1	2	0	0		115
87				1	2	0	2		12
88				1	3	0	2		5
89	0	3	1	−1	0	−1	2		0.00025
90				−1	1	−1	2		9
91	0	4	−4	0	0	0	0		0.00020
92				2	0	0	0		15
93				2	1	0	0		6
94	0	4	−3	0	0	1	0		0.00033
95				0	1	1	0		13
96	0	4	−2	−2	0	0	0		0.00026
97				0	0	0	0		478
98				0	1	0	0		198
99				0	2	0	0		18
100	0	4	−1	−2	0	1	0		0.00007
101				0	0	−1	2		7
102	0	4	0	−2	0	0	0		0.00396
103				−2	1	0	0		164
104				−2	2	0	0		15
105	1	−4	0	3	−1	0	−1		0.00020
106				3	0	0	−1		107

序号	μ_1	μ_2	μ_3	μ_4	μ_5	μ_6	μ_0	名称	系数 C
107	1	−4	1	1	0	1	1		0.00005
108	1	−4	2	1	−1	0	−1		0.00053
109				1	0	0	−1		278
110	1	−4	3	1	0	−1	−1		0.00021
111	1	−4	4	−1	−1	0	−1		0.00010
112				−1	0	0	−1		54
113	1	−4	5	−1	0	−1	−1		0.00006
114	1	−3	−1	2	0	1	1		0.00013
115	1	−3	0	0	−2	0	1		0.00006
116				2	−2	0	1		6
117				2	−1	0	−1		180
118				2	0	0	−1	$2Q_1$	955
119	1	−3	1	0	0	1	1		0.00016
120				1	0	0	1		10
121				2	0	−1	−1		15
122	1	−3	2	0	−2	0	1		0.00007
123				0	−1	0	−1		217
124				0	0	0	−1	σ_1	1152
125				2	0	0	1		10
126	1	−3	3	0	−1	−1	−1		0.00014
127				0	0	−1	−1		78
128	1	−3	4	−2	−1	0	−1		0.00007
129				−2	0	0	−1		35
130				0	0	0	1		11
131				0	1	0	−1		5
132	1	−2	−2	1	−2	0	1		0.00006
133				3	0	0	1		23
134	1	−2	−1	1	−1	1	1		0.00010
135				1	0	1	1		61
136	1	−2	0	−1	−3	0	1		0.00005
137				−1	−2	0	1		28

序号	μ_1	μ_2	μ_3	μ_4	μ_5	μ_6	μ_0	名称	系数 C
138				1	-2	0	1		41
139				0	0	1	-1		6
140				1	-1	0	-1		1360
141				1	0	0	-1	Q_1	7217
142				3	0	0	1		20
143	1	-2	1	-1	0	1	1		0.00014
144				0	-1	0	1		7
145				0	0	0	1		39
146				1	-1	-1	-1		11
147				1	0	-1	-1		66
148	1	-2	2	-1	-2	0	1		0.00008
149				-1	-1	0	-1		258
150				-1	0	0	-1	ρ_1	1371
151				1	0	0	1		79
152				1	1	0	-1		24
153	1	-2	3	-1	-1	-1	-1		0.00012
154				-1	0	-1	-1		63
155				1	0	-1	1		6
156	1	-2	4	-1	0	0	1		0.00017
157	1	-1	-2	0	-2	0	1		0.00016
158				2	-1	0	1		20
159				2	0	0	1		113
160	1	-1	-1	0	-1	1	1		0.00015
161				0	0	1	1		130
162				1	0	0	-1		6
163	1	-1	0	0	-2	0	1		0.00218
164				0	-1	0	-1		7106
165				0	0	0	-1	O_1	37694
166				2	-1	0	-1		7
167				2	0	0	1		243

序号	μ_1	μ_2	μ_3	μ_4	μ_5	μ_6	μ_0	名称	系数 C
168				2	1	0	1		39
169	1	−1	1	0	−1	−1	−1		0.00012
170				0	0	−1	−1		109
171	1	−1	2	−2	0	0	1		0.00022
172				0	−1	0	−1		14
173				0	0	0	1	$M\overline{P}_1$	493
174				0	1	0	−1		107
175				0	2	0	−1		7
176	1	−1	3	0	0	−1	1		0.00033
177	1	−1	4	−2	0	0	1		0.00009
178	1	0	−3	1	0	1	1		0.00013
179	1	0	−2	1	−1	0	1		0.00063
180				1	0	0	1		278
181	1	0	−1	0	0	0	−1		0.00006
182				1	0	1	−1		15
183	1	0	0	−1	−2	0	−1		0.00017
184				−1	−1	0	1		197
185				−1	0	0	1		1066
186				1	−1	0	−1		86
187				1	0	0	1	M_1	2964
188				1	1	0	1		594
189				1	2	0	−1		16
190	1	0	1	0	0	0	−1		0.00017
191				1	0	−1	1		18
192	1	0	2	−1	−1	0	−1		0.00016
193				−1	0	0	1	χ_1	567
194				−1	1	0	1		124
195	1	0	3	−1	0	−1	1		0.00024
196				−1	1	−1	1		6
197	1	1	−4	0	0	2	−1		0.00042

序号	μ_1	μ_2	μ_3	μ_4	μ_5	μ_6	μ_0	名称	系数 C
198	1	1	−3	0	−1	1	1		0.00008
199				0	0	1	−1	π_1	1028
200	1	1	−2	0	−2	0	−1		0.00014
201				0	−1	0	1		197
202				0	0	0	−1	P_1	17543
203				0	0	2	1		7
204				2	0	0	1		26
205				2	1	0	1		5
206	1	1	−1	0	0	−1	1		0.00147
207				0	0	1	1		416
208				0	1	1	−1		11
209	1	1	0	−2	−1	0	1		0.00010
210				0	−2	0	1		6
211				0	−1	0	−1		1051
212				0	0	0	1	K_1	53011
213				0	1	0	1		7186
214				0	2	0	−1		155
215	1	1	1	0	0	−1	1	ψ_1	422
216				0	1	−1	1		8
217	1	1	2	−2	0	0	1		0.00026
218				−2	1	0	1		8
219				0	0	−2	1		10
220				0	0	0	1	ϕ_1	755
221				0	1	0	−1		29
222				0	2	0	−1		14
223	1	1	3	0	0	−1	1		0.00044
224	1	2	−3	1	0	1	1		0.00024
225	1	2	−2	−1	−1	0	1		0.00017
226				1	−1	0	−1		18
227				1	0	0	1	θ_1	567

序号	μ_1	μ_2	μ_3	μ_4	μ_5	μ_6	μ_0	名称	系数 C
228				1	1	0	1		113
229	1	2	-1	-1	0	1	1		0.00018
230				0	0	0	-1		16
231	1	2	0	-1	-1	0	-1		0.00087
232				-1	0	0	1	J_1	2964
233				-1	1	0	1		587
234				-1	2	0	-1		14
235				1	0	0	-1		45
236				1	1	0	-1		29
237				1	2	0	-1		17
238	1	2	1	-1	0	-1	-1		0.00015
239	1	2	2	-1	0	0	-1		0.00012
240				-1	1	0	-1		9
241	1	3	-4	2	0	0	1		0.00009
242	1	3	-3	0	0	1	1		0.00032
243				0	1	1	1		6
244	1	3	-2	0	-1	0	1		0.00016
245				0	0	0	1	$\overline{SO}_1$	492
246				0	1	0	1		96
247	1	3	-1	0	0	-1	-1		0.00010
248	1	3	0	-2	-1	0	-1		0.00006
249				-2	0	0	1		243
250				-2	1	0	1		48
251				0	0	0	1	OO_1	1624
252				0	1	0	1		1039
253				0	2	0	1		218
254				0	3	0	1		14
255	1	3	1	0	0	-1	-1		0.00006
256	1	4	-4	1	0	0	1		0.00015
257	1	4	-3	-1	0	1	1		0.00006

序号	μ_1	μ_2	μ_3	μ_4	μ_5	μ_6	μ_0	名称	系数 C
258	1	4	−2	−1	0	0	1		0.00078
259				−1	1	0	1		15
260				1	0	0	1		59
261				1	1	0	1		38
262				1	2	0	1		8
263	1	4	0	−3	0	0	1		0.00019
264				−1	0	0	1	$2K\overline{Q}_1$	311
265				−1	1	0	1		199
266				−1	2	0	1		41
267	2	−4	0	4	0	0	0		0.00027
268	2	−4	2	2	0	0	0		0.00111
269	2	−4	3	2	0	−1	0		0.00009
270	2	−4	4	0	0	0	0		0.00069
271	2	−4	5	0	0	−1	0		0.00009
272	2	−3	0	3	−1	0	2		0.00010
273				3	0	0	0		0.00259
274	2	−3	1	1	0	1	2		0.00013
275				3	0	−1	0		0.00006
276	2	−3	2	1	−1	0	2		0.00025
277				1	0	0	0	$MN\overline{S}_2$	671
278	2	−3	3	1	0	−1	0		0.00051
279	2	−3	4	−1	−1	0	2		0.00005
280				−1	0	0	0		130
281	2	−3	5	−1	0	−1	0		0.00015
282	2	−2	−2	4	0	0	2		0.00009
283	2	−2	−1	2	0	1	2		0.00031
284	2	−2	0	0	−2	0	2		0.00014
285				2	−1	0	2		86
286				2	0	0	0	$2N_2$	2301
287	2	−2	1	0	0	1	2		0.00039
288				1	0	0	2		25
289				2	0	−1	0		36

序号	μ_1	μ_2	μ_3	μ_4	μ_5	μ_6	μ_0	名称	系数 C
290	2	-2	2	0	-1	0	2		0.00104
291				0	0	0	0	μ_2	2776
292	2	-2	3	-1	0	0	2		0.00007
293				0	-1	-1	2		7
294				0	0	-1	0		188
295	2	-2	4	-2	0	0	0		0.00085
296				0	0	-2	0		7
297	2	-2	5	-2	0	-1	0		0.00008
298	2	-1	-2	1	-2	0	2		0.00015
299				3	0	0	2		56
300	2	-1	-1	1	-1	1	0		0.00005
301				1	0	1	2		147
302	2	-1	0	-1	-2	0	2		0.00067
303				0	0	1	0		14
304				1	-2	0	0		9
305				1	-1	0	2		649
306				1	0	0	0	N_2	17386
307	2	-1	1	-1	0	1	2		0.00032
308				0	0	0	2		94
309				1	-1	-1	2		5
310				1	0	-1	0		163
311	2	-1	2	-1	-1	0	2		0.00123
312				-1	0	0	0	v_2	3302
313				1	0	0	0		14
314				1	1	0	2		12
315	2	-1	3	-1	-1	-1	2		0.00006
316				-1	0	-1	0		153
317	2	0	-3	2	0	1	2		0.00011
318	2	0	-2	0	-2	0	2		0.00039
319				2	-1	0	0		9
320				2	0	0	2		273
321	2	0	-1	0	-1	1	0		0.00007

序号	μ_1	μ_2	μ_3	μ_4	μ_5	μ_6	μ_0	名称	系数 C
322				0	0	1	2		313
323				1	0	0	0		14
324	2	0	0	0	−2	0	0		0.00047
325				0	−1	0	2		3390
326				0	0	0	0	M_2	90809
327				2	0	0	0		53
328				2	1	0	0		19
329	2	0	1	0	−1	−1	2		0.00006
330				0	0	−1	0		277
331	2	0	2	−2	0	0	2		0.00052
332				0	0	0	0		104
333				0	1	0	2		51
334				0	2	0	0		17
335	2	0	3	0	0	−1	0		0.00007
336	2	1	−3	1	0	1	2		0.00032
337	2	1	−2	1	−1	0	0		0.00030
338				1	0	0	2	λ_2	670
339	2	1	−1	−1	0	1	2		0.00010
340				0	0	0	0		16
341	2	1	0	−1	−1	0	0		0.00094
342				−1	0	0	2	L_2	2567
343				1	−1	0	2		12
344				1	0	0	0		643
345				1	1	0	0		283
346				1	2	0	0		40
347	2	1	2	−1	0	0	0		0.00123
348				−1	1	0	0		59
349				−1	2	0	0		7
350	2	2	−4	0	0	2	0		0.00101
351	2	2	−3	0	0	1	0	T_2	0.02476
352	2	2	−2	0	−1	0	0		0.00095
353				0	0	0	0	S_2	42248

序号	μ_1	μ_2	μ_3	μ_4	μ_5	μ_6	μ_0	名称	系数 C
354				2	0	0	0		6
355	2	2	-1	0	0	-1	2	R_2	0.00355
356				0	0	1	0		90
357				0	1	1	2		5
358	2	2	0	0	-1	0	2		0.00147
359				0	0	0	0	K_2	11498
360				0	1	0	0		3426
361				0	2	0	0		372
362	2	2	1	0	0	-1	0		0.00091
363	2	2	2	-2	0	0	0		0.00005
364				0	0	0	0		76
365	2	3	-3	1	0	1	0		0.00005
366	2	3	-2	-1	-1	0	0		0.00008
367				-1	0	0	0		6
368				1	0	0	0		123
369				1	1	0	0		54
370				1	2	0	0		6
371	2	3	0	-1	-1	0	2		0.00012
372				-1	0	0	0	KJ_2	643
373				-1	1	0	0		280
374				-1	2	0	0		30
375				1	0	0	2		5
376	2	4	-3	0	0	1	0		0.00007
377	2	4	-2	0	0	0	0		0.00107
378				0	1	0	0		46
379				0	2	0	0		5
380	2	4	0	-2	0	0	0		0.00053
381				-2	1	0	0		23
382				0	0	0	0		169
383				0	1	0	0		146
384				0	2	0	0		47
385				0	3	0	0		7

A.2 长期调和分析的分潮信息

长期调和分析可按需选择合适的分潮，存在诸多的选择方案，附表 A.2 引用了《潮汐和潮流的分析和预报》(方国洪，等，1986)所列的 122 个主要分潮。表中各分潮的交点因子 f 和订正角 u 采用 3.5.1.2 小节所述的实用近似计算方法，表示为 11 个基本分潮的 f、u（M_1 分潮由式(3.41)计算，其他 10 个分潮由表 3.5 结合式(3.38)计算）。如表中序号为 16 的分潮，其 f 为 M_2 和 P_1 的乘积，而 u 为 M_2 和 P_1 的差。

附表 A.2　　　　　　　　　　　　　　　主要分潮信息

序号	分潮	μ_1	μ_2	μ_3	μ_4	μ_5	μ_6	μ_0	f	u
1	S_a	0	0	1	0	0	0	0	1	0
2	S_{sa}	0	0	2	0	0	0	0	1	0
3	M_m	0	1	0	−1	0	0	0	M_m	M_m
4	$\overline{MS}_f$	0	2	−2	0	0	0	0	M_2	$-M_2$
5	M_f	0	2	0	0	0	0	0	M_f	M_f
6	$2Q_1$	1	−3	0	2	0	0	−1	O_1	O_1
7	σ_1	1	−3	2	0	0	0	−1	O_1	O_1
8	$Q\overline{A}_1$	1	−2	−1	1	0	0	−1	O_1	O_1
9	Q_1	1	−2	0	1	0	0	−1	O_1	O_1
10	QA_1	1	−2	1	1	0	0	−1	O_1	O_1
11	ρ_1	1	−2	2	−1	0	0	−1	O_1	O_1
12	$O\overline{B}_1$	1	−1	−2	0	0	0	−1	O_1	O_1
13	$O\overline{A}_1$	1	−1	−1	0	0	0	−1	O_1	O_1
14	O_1	1	−1	0	0	0	0	−1	O_1	O_1
15	OA_1	1	−1	1	0	0	0	−1	O_1	O_1
16	$M\overline{P}_1$	1	−1	2	0	0	0	1	M_2P_1	$M_2 - P_1$
17	M_1	1	0	0	0	0	0	1	M_1	M_1
18	χ_1	1	0	2	−1	0	0	1	J_1	J_1
19	$2P\overline{K}_1$	1	1	−4	0	0	0	1	$K_1P_1^2$	$2P_1 - K_1$
20	π_1	1	1	−3	0	0	1	−1	P_1	P_1
21	P_1	1	1	−2	0	0	0	−1	P_1	P_1

序号	分潮	μ_1	μ_2	μ_3	μ_4	μ_5	μ_6	μ_0	f	u
22	S_1	1	1	−1	0	0	0	2	1	0
23	K_1	1	1	0	0	0	0	1	K_1	K_1
24	ψ_1	1	1	1	0	0	−1	1	1	0
25	φ_1	1	1	2	0	0	0	1	1	0
26	θ_1	1	2	−2	1	0	0	1	J_1	J_1
27	J_1	1	2	0	−1	0	0	1	J_1	J_1
28	$2P\overline{O}_1$	1	3	−4	0	0	0	−1	$O_1P_1^2$	$2P_1-O_1$
29	$S\overline{O}_1$	1	3	−2	0	0	0	1	O_1	$-O_1$
30	OO_1	1	3	0	0	0	0	1	OO_1	OO_1
31	$S\overline{Q}_1$	1	4	−2	−1	0	0	1	O_1	$-O_1$
32	$2K\overline{Q}_1$	1	4	0	−1	0	0	−1	$O_1K_1^2$	$2K_1-O_1$
33	OQ_2	2	−3	0	1	0	0	2	O_1^2	$2O_1$
34	$MN\overline{S}_2$	2	−3	2	1	0	0	0	M_2^2	$2M_2$
35	$2N_2$	2	−2	0	2	0	0	0	M_2	M_2
36	μ_2	2	−2	2	0	0	0	0	M_2	M_2
37	$N\overline{A}_2$	2	−1	−1	1	0	0	0	M_2	M_2
38	N_2	2	−1	0	1	0	0	0	M_2	M_2
39	NA_2	2	−1	1	1	0	0	0	M_2	M_2
40	ν_2	2	−1	2	−1	0	0	0	M_2	M_2
41	$MS\overline{K}_2$	2	0	−2	0	0	0	0	M_2K_2	M_2-K_2
42	$M\overline{A}_2$	2	0	−1	0	0	0	0	M_2	M_2
43	M_2	2	0	0	0	0	0	0	M_2	M_2
44	MA_2	2	0	1	0	0	0	0	M_2	M_2
45	$MK\overline{S}_2$	2	0	2	0	0	0	0	M_2K_2	M_2+K_2
46	λ_2	2	1	−2	1	0	0	2	M_2	M_2
47	L_2	2	1	0	−1	0	0	2	L_2	L_2
48	$S\overline{B}_2$	2	2	−4	0	0	0	0	1	0

续表

序号	分潮	μ_1	μ_2	μ_3	μ_4	μ_5	μ_6	μ_0	f	u
49	T_2	2	2	−3	0	0	1	0	1	0
50	S_2	2	2	−2	0	0	0	0	1	0
51	R_2	2	2	−1	0	0	−1	2	1	0
52	K_2	2	2	0	0	0	0	0	K_2	K_2
53	KA_2	2	2	1	0	0	0	0	K_2	K_2
54	$MS\overline{N}_2$	2	3	−2	−1	0	0	0	M_2^2	0
55	KJ_2	2	3	0	−1	0	0	2	$K_1 J_1$	$K_1 + J_1$
56	$2S\overline{M}_2$	2	4	−4	0	0	0	0	M_2	$-M_2$
57	$SK\overline{M}_2$	2	4	−2	0	0	0	0	$M_2 K_2$	$K_2 - M_2$
58	$2S\overline{N}_2$	2	5	−4	−1	0	0	0	M_2	$-M_2$
59	O_3	3	−3	0	0	0	0	1	O_1^2	$2O_1$
60	MQ_3	3	−2	0	1	0	0	−1	$M_2 O_1$	$M_2 + O_1$
61	MO_3	3	−1	0	0	0	0	−1	$M_2 O_1$	$M_2 + O_1$
62	M_3	3	0	0	0	0	0	2	$M_2^{3/2}$	$3M_2/2$
63	SO_3	3	1	−2	0	0	0	−1	O_1	O_1
64	MK_3	3	1	0	0	0	0	1	$M_2 K_1$	$M_2 + K_1$
65	SK_3	3	3	−2	0	0	0	1	K_1	K_1
66	K_3	3	3	0	0	0	0	−1	K_1^2	$3K_1$
67	$3M\overline{S}_4$	4	−2	2	0	0	0	0	M_2^3	$3M_2$
68	MN_4	4	−1	0	1	0	0	0	M_2^2	$2M_2$
69	$2M\overline{A}_4$	4	0	−1	0	0	0	0	M_2^2	$2M_2$
70	M_4	4	0	0	0	0	0	0	M_2^2	$2M_2$
71	$2MA_4$	4	0	1	0	0	0	0	M_2^2	$2M_2$
72	SN_4	4	1	−2	1	0	0	0	M_2	M_2
73	$MS\overline{A}_4$	4	2	−3	0	0	0	0	M_2	M_2
74	MS_4	4	2	−2	0	0	0	0	M_2	M_2

序号	分潮	μ_1	μ_2	μ_3	μ_4	μ_5	μ_6	μ_0	f	u
75	MSA_4	4	2	−1	0	0	0	0	M_2	M_2
76	MK_4	4	2	0	0	0	0	0	M_2K_2	M_2+K_2
77	S_4	4	4	−4	0	0	0	0	1	0
78	SK_4	4	4	−2	0	0	0	0	K_2	K_2
79	MNO_5	5	−2	0	1	0	0	−1	$M_2^2O_1$	$2M_2+O_1$
80	$2MO_5$	5	−1	0	0	0	0	−1	$M_2^2O_1$	$2M_2+O_1$
81	MSQ_5	5	0	−2	1	0	0	−1	M_2O_1	M_2+O_1
82	MNK_5	5	0	0	1	0	0	1	M_2K_1	$2M_2+K_1$
83	MSO_5	5	1	−2	0	0	0	−1	M_2O_1	M_2+O_1
84	$2MK_5$	5	1	0	0	0	0	1	$M_2^2K_1$	$2M_2+K_1$
85	MSP_5	5	3	−4	0	0	0	−1	M_2P_1	M_2+P_1
86	MSK_5	5	3	−2	0	0	0	1	M_2K_1	M_2+K_1
87	$2MN_6$	6	−1	0	1	0	0	0	M_2^3	$3M_2$
88	M_6	6	0	0	0	0	0	0	M_2^3	$3M_2$
89	MSN_6	6	1	−2	1	0	0	0	M_2^2	$2M_2$
90	$2MS_6$	6	2	−2	0	0	0	0	M_2^2	$2M_2$
91	$2MK_6$	6	2	0	0	0	0	0	$M_2^2K_2$	$2M_2+K_2$
92	$2SM_6$	6	4	−4	0	0	0	0	M_2	M_2
93	MSK_6	6	4	−2	0	0	0	0	M_2K_2	M_2+K_2
94	$3MO_7$	7	−1	0	0	0	0	−1	$M_2^3O_1$	$3M_2+O_1$
95	$2MSO_7$	7	1	−2	0	0	0	−1	$M_2^2O_1$	$2M_2+O_1$
96	$3MK_7$	7	1	0	0	0	0	1	$M_2^3K_1$	$3M_2+K_1$
97	$2MSK_7$	7	3	−2	0	0	0	1	$M_2^2K_1$	$2M_2+K_1$
98	$3MN_8$	8	−1	0	1	0	0	0	M_2^4	$4M_2$
99	M_8	8	0	0	0	0	0	0	M_2^4	$4M_2$
100	$2MSN_8$	8	1	−2	1	0	0	0	M_2^3	$3M_2$

序号	分潮	μ_1	μ_2	μ_3	μ_4	μ_5	μ_6	μ_0	f	u
101	3MS$_8$	8	2	−2	0	0	0	0	M_2^3	$3M_2$
102	MSNK$_8$	8	3	−2	1	0	0	0	$M_2^2K_2$	$2M_2 + K_2$
103	2M2S$_8$	8	4	−4	0	0	0	0	M_2^2	$2M_2$
104	2MSK$_8$	8	4	−2	0	0	0	0	$M_2^2K_2$	$2M_2 + K_2$
105	3MSO$_9$	9	1	−2	0	0	0	−1	$M_2^3O_1$	$3M_2 + O_1$
106	2M2SO$_9$	9	3	−4	0	0	0	−1	$M_2^2O_1$	$2M_2 + O_1$
107	3MSK$_9$	9	3	−2	0	0	0	1	$M_2^3K_1$	$3M_2 + K_1$
108	2M2SK$_9$	9	5	−4	0	0	0	1	$M_2^2K_1$	$2M_2 + K_1$
109	3MSN$_{10}$	10	1	−2	1	0	0	0	M_2^4	$4M_2$
110	4MS$_{10}$	10	2	−2	0	0	0	0	M_2^4	$4M_2$
111	2M2SN$_{10}$	10	3	−4	1	0	0	0	M_2^3	$3M_2$
112	2MSNK$_{10}$	10	3	−2	1	0	0	0	$M_2^3K_2$	$3M_2 + K_2$
113	3M2S$_{10}$	10	4	−4	0	0	0	0	M_2^3	$3M_2$
114	4MSO$_{11}$	11	1	−2	0	0	0	−1	$M_2^4O_1$	$4M_2 + O_1$
115	3M3SO$_{11}$	11	3	−4	0	0	0	−1	$M_2^3O_1$	$3M_2 + O_1$
116	4MSK$_{11}$	11	3	−2	0	0	0	1	$M_2^4K_1$	$4M_2 + K_1$
117	3M2SK$_{11}$	11	5	−4	0	0	0	1	$M_2^3K_1$	$3M_2 + K_1$
118	3M2SN$_{12}$	12	3	−4	1	0	0	0	M_2^4	$4M_2$
119	3MSNK$_{12}$	12	3	−2	1	0	0	0	$M_2^4K_2$	$4M_2 + K_2$
120	4M2S$_{12}$	12	4	−4	0	0	0	0	M_2^4	$4M_2$
121	2M2SNK$_{12}$	12	5	−4	1	0	0	0	$M_2^3K_2$	$3M_2 + K_2$
122	3M3S$_{12}$	12	6	−6	0	0	0	0	M_2^3	$3M_2$

A.3 中期调和分析的分潮信息

附表 A.3 是以附表 A.2 所列的 122 个分潮为基础进行了删减，保留了 32 个分潮。

附表 A.3　　　　　　　　　　　　　主要分潮信息

序号	分潮	μ_1	μ_2	μ_3	μ_4	μ_5	μ_6	μ_0	f	u
1	M_m	0	1	0	-1	0	0	0	M_m	M_m
2	$\overline{MS}_f$	0	2	-2	0	0	0	0	M_2	$-M_2$
3	$2Q_1$	1	-3	0	2	0	0	-1	O_1	O_1
4	Q_1	1	-2	0	1	0	0	-1	O_1	O_1
5	O_1	1	-1	0	0	0	0	-1	O_1	O_1
6	M_1	1	0	0	0	0	0	1	M_1	M_1
7	P_1	1	1	-2	0	0	0	-1	P_1	P_1
8	K_1	1	1	0	0	0	0	1	K_1	K_1
9	J_1	1	2	0	-1	0	0	1	J_1	J_1
10	OO_1	1	3	0	0	0	0	1	OO_1	OO_1
11	μ_2	2	-2	2	0	0	0	0	M_2	M_2
12	N_2	2	-1	0	1	0	0	0	M_2	M_2
13	M_2	2	0	0	0	0	0	0	M_2	M_2
14	L_2	2	1	0	-1	0	0	2	L_2	L_2
15	S_2	2	2	-2	0	0	0	0	1	0
16	K_2	2	2	0	0	0	0	0	K_2	K_2
17	$MS\overline{N}_2$	2	3	-2	-1	0	0	0	M_2^2	0
18	$2S\overline{M}_2$	2	4	-4	0	0	0	0	M_2	$-M_2$
19	MO_3	3	-1	0	0	0	0	-1	M_2O_1	M_2+O_1
20	M_3	3	0	0	0	0	0	2	$M_2^{3/2}$	$3M_2/2$
21	MK_3	3	1	0	0	0	0	1	M_2K_1	M_2+K_1
22	SK_3	3	3	-2	0	0	0	1	K_1	K_1
23	MN_4	4	-1	0	1	0	0	0	M_2^2	$2M_2$
24	M_4	4	0	0	0	0	0	0	M_2^2	$2M_2$
25	SN_4	4	1	-2	1	0	0	0	M_2	M_2
26	MS_4	4	2	-2	0	0	0	0	M_2	M_2
27	S_4	4	4	-4	0	0	0	0	1	0
28	$2MN_6$	6	-1	0	1	0	0	0	M_2^3	$3M_2$
29	M_6	6	0	0	0	0	0	0	M_2^3	$3M_2$
30	MSN_6	6	1	-2	1	0	0	0	M_2^2	$2M_2$
31	$2MS_6$	6	2	-2	0	0	0	0	M_2^2	$2M_2$
32	$2SM_6$	6	4	-4	0	0	0	0	M_2	M_2

附录 B 水位数据的多项式拟合内插

由水位变化曲线可知,水位数据的拟合内插可采用分段抛物线,即将水位变化曲线分为若干个拟合区间,每个区间分别以二次多项式进行拟合。理论上,拟合区间越小,拟合的精度越高。而实际上,拟合区间的选取需考虑水位观测间隔,基本原则是能可靠求解出多项式系数。当观测间隔为 1 小时,拟合区间为前后各 2~3 小时;而当观测间隔为 5 分钟或 10 分钟,拟合区间为前后各 30 分钟。

直接以观测时刻为二次多项式的参数并不方便,可取 t_0 为基准时刻,以各观测时刻相对 t_0 的时间差(比如分钟数)为参数,时间差计为 Δt_{-n}, $\cdots$, Δt_{-1}, 0, Δt_1, $\cdots$, Δt_m。二次多项式的表达式为

$$h(t_i) = x_0 + x_1 \cdot \Delta t_i + x_2 \cdot \Delta t_i^2 \quad (i = -n, \cdots, -1, 0, 1, \cdots, m) \tag{B.1}$$

上式中 x_0、x_1、x_2 是二次多项式的系数。按该式构建每个水位的方程。据间接平差的原理,观测方程组形式为

$$L + V = B\hat{X} + d \tag{B.2}$$

式中,L 为水位或余水位向量;V 为对应的误差向量;$\hat{X}$ 为未知参数向量;B 为系数矩阵;d 为常数向量,由式($B.1$)知,$d = 0$。结合式($B.1$)与式($B.2$),各向量分别为

$$\hat{X} = \begin{bmatrix} \hat{x}_0 & \hat{x}_1 & \hat{x}_2 \end{bmatrix}^T \tag{B.3}$$

$$L = \begin{bmatrix} h(t_{-n}) & \cdots & h(t_{-1}) & h(t_0) & h(t_1) & \cdots & h(t_m) \end{bmatrix}^T \tag{B.4}$$

对于每个时刻,可列出一个观测方程,对应于系数矩阵 B 的一行,行向量为

$$\begin{bmatrix} 1 & \Delta t_i & \Delta t_i^2 \end{bmatrix}^T \tag{B.5}$$

$n + m + 1$ 个时刻的行向量组合成系数矩阵 B。

假设各观测互相独立,则观测值权阵可设为单位阵。按间接平差原理,法方程为

$$B^T B \hat{X} = B^T L \tag{B.6}$$

由上式解得

$$\hat{X} = (B^T B)^{-1} B^T L \tag{B.7}$$

由式($B.3$)中的参数顺序以及式($B.1$)中的二次多项式的表达式可知,需拟合时刻 t_0 的拟合平滑后水位或余水位为 $\hat{x}_0$。

附录 C 中国大陆沿岸海域的潮汐变化特征

利用笔者构建的中国近海及邻近海域精密潮汐模型(范围为 3°N~41°N,105°E~127°E,网格分辨率为 1′×1′),制作主要分潮的潮波图和潮汐类型数分布图,以表征海域潮汐变化的规律。因沿岸的潮汐变化相对更复杂、对水位控制的要求更高,所以图件的范围以表征中国大陆沿岸为主,未包含中国的南海海域、台湾东部海域以及我国远离陆地的岛屿。

C.1　主要分潮潮波图

选取全日潮族与半日潮族中最大的 K_1、M_2 分潮，潮波图中实线为等振幅线，单位为厘米，虚线为同潮时线，迟角采用东 8 区，单位为度。对于其他的全日分潮、半日分潮，潮波图中的等值线分布趋势分别与 K_1 分潮、M_2 分潮相似，只是量值不同。

C.1.1　K_1 分潮潮波图

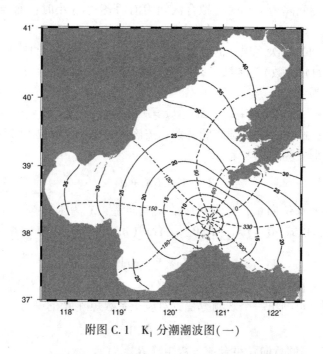

附图 C.1　K_1 分潮潮波图（一）

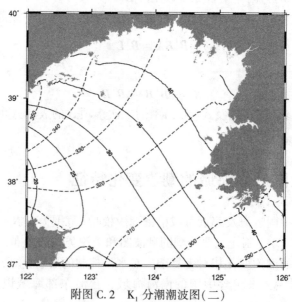

附图 C.2　K_1 分潮潮波图（二）

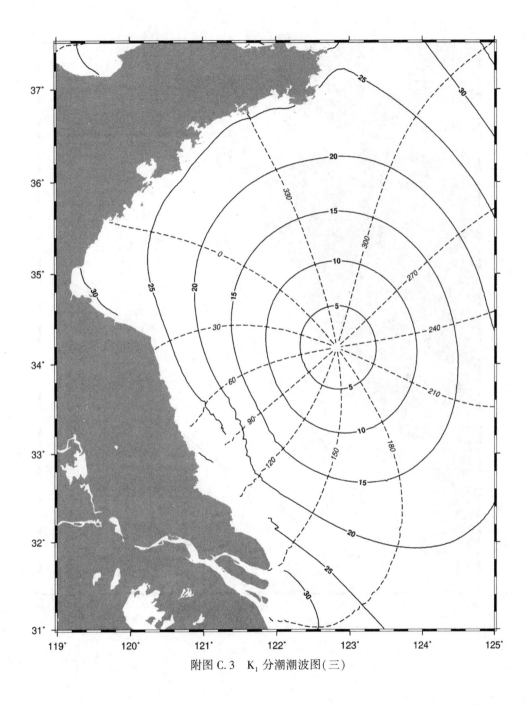

附图 C.3　K_1 分潮潮波图(三)

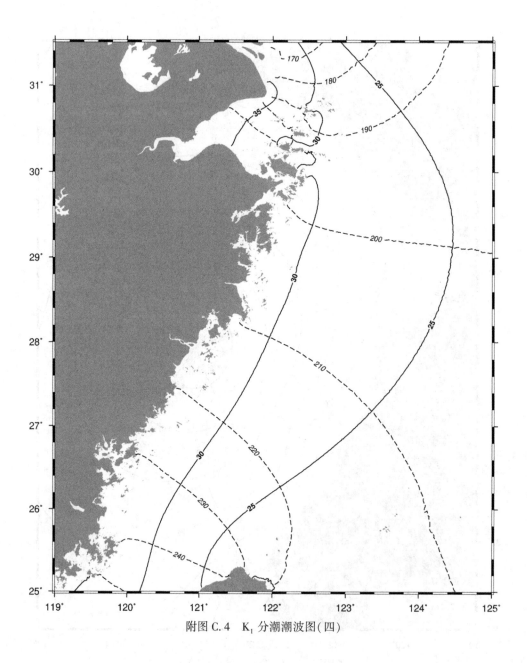

附图 C.4　K₁ 分潮潮波图(四)

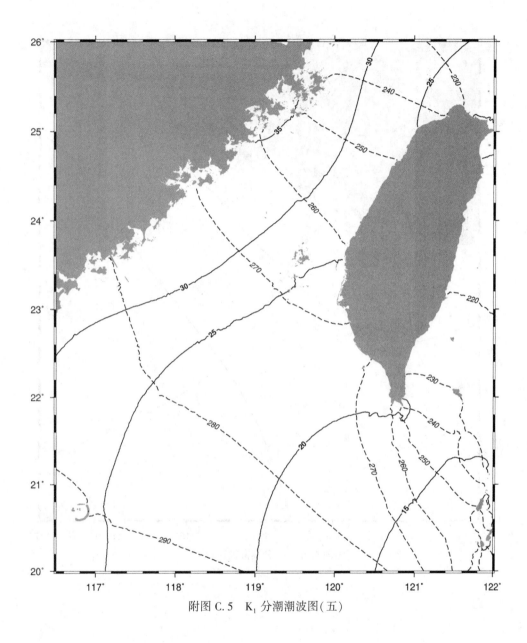

附图 C.5 K₁分潮潮波图(五)

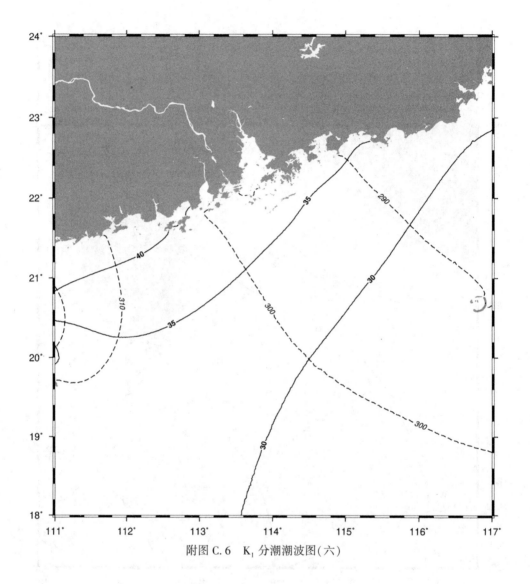

附图 C.6　K_1 分潮潮波图(六)

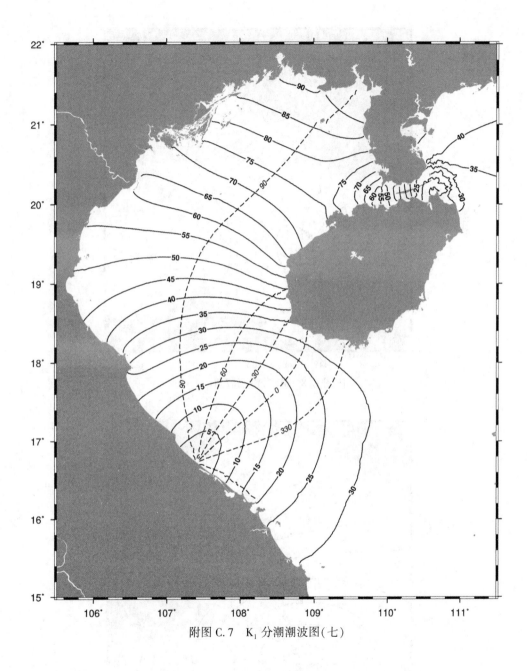

附图 C.7　K₁ 分潮潮波图(七)

C.1.2　M₂分潮潮波图

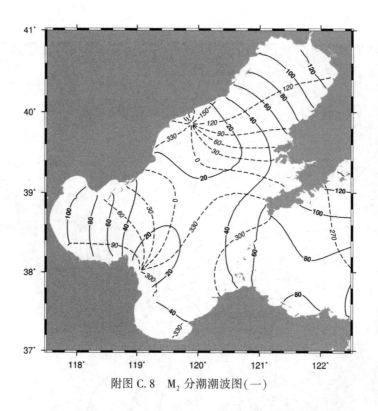

附图 C.8　M₂分潮潮波图(一)

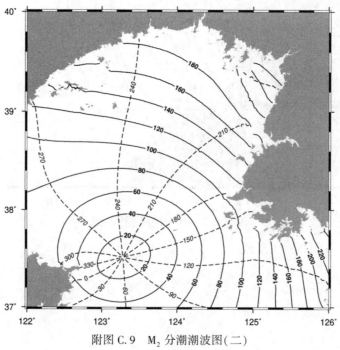

附图 C.9　M₂分潮潮波图(二)

172

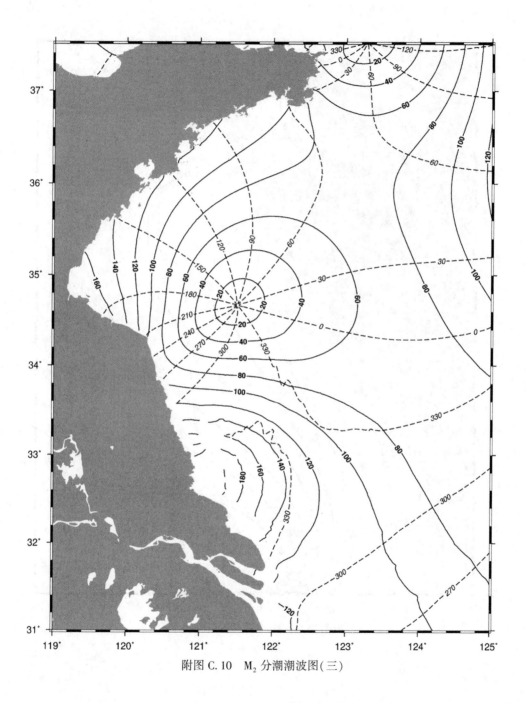

附图 C.10　M_2 分潮潮波图(三)

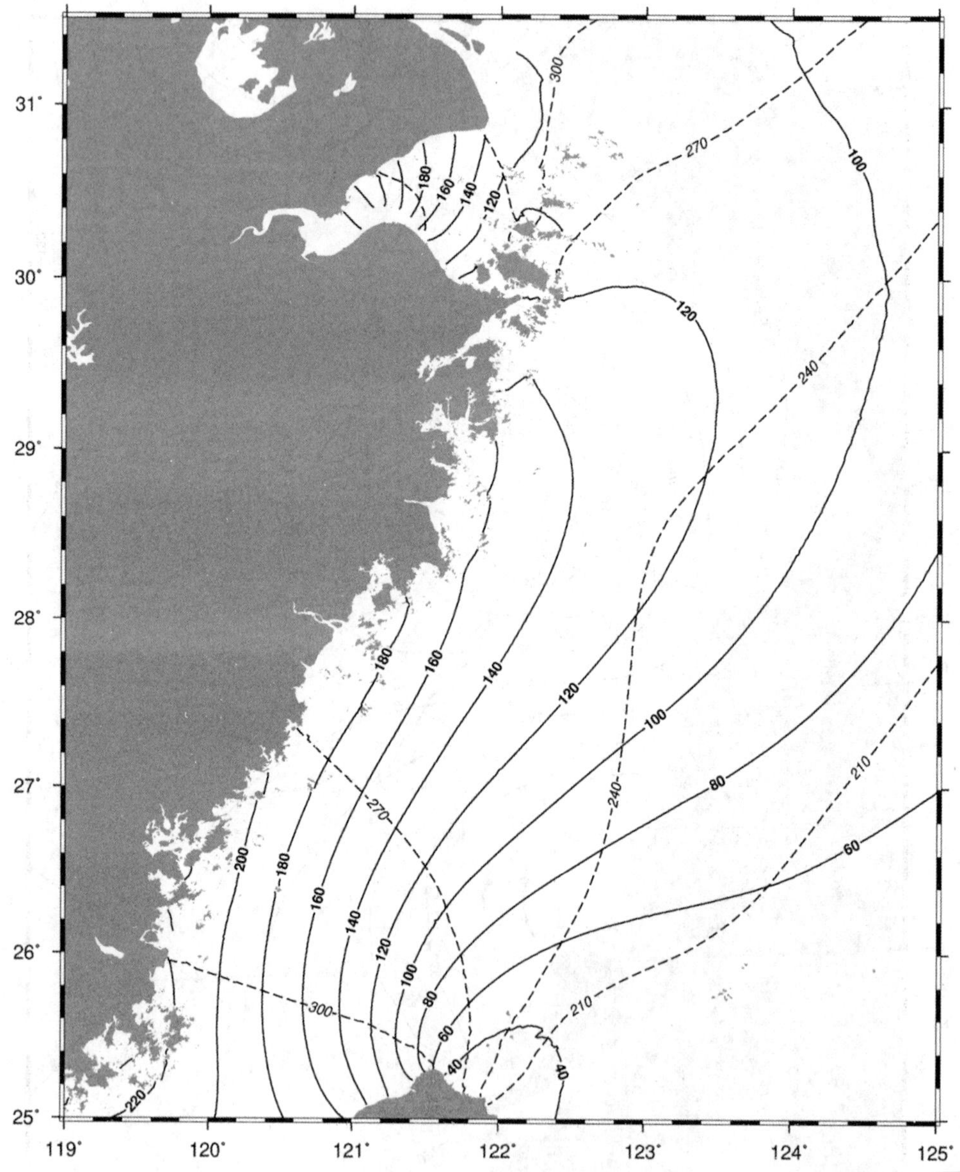

附图 C.11　M$_2$ 分潮潮波图(四)

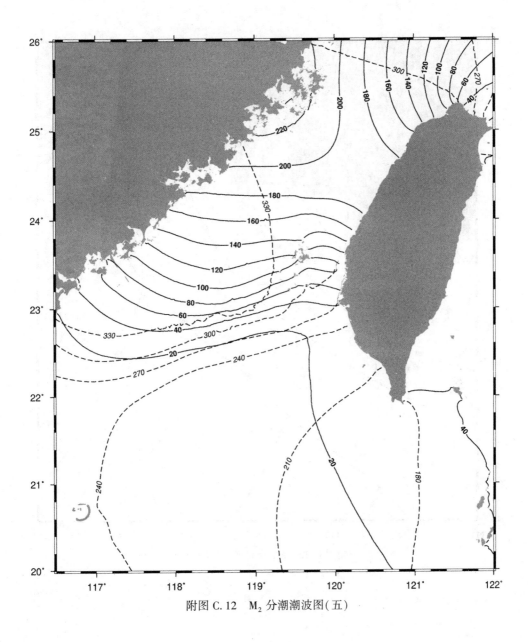

附图 C.12   M$_2$ 分潮潮波图(五)

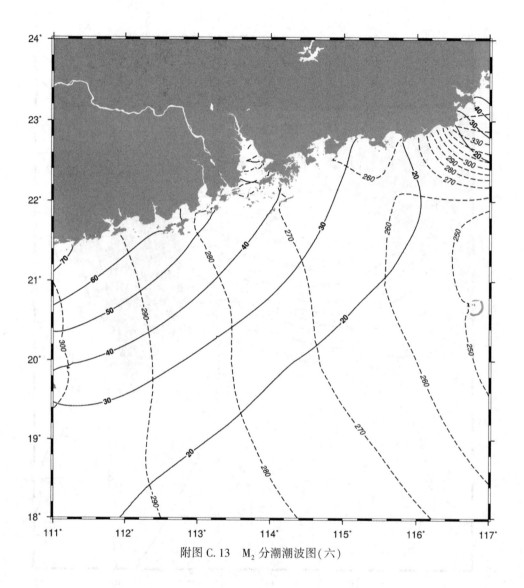

附图 C.13　M₂ 分潮潮波图(六)

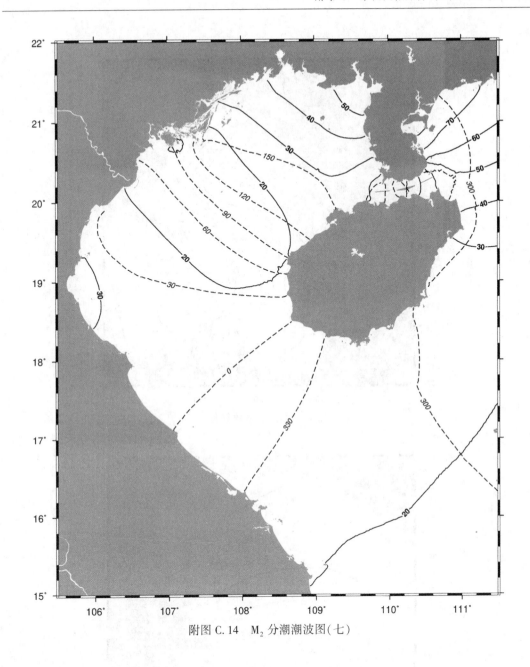

附图 C.14　M_2 分潮潮波图(七)

C.2　潮汐类型数分布

　　潮汐类型数 F 取 K_1 和 O_1 的振幅之和相对 M_2 振幅的比值。按 $F < 0.5$、$0.5 \leqslant F < 2.0$、$2.0 \leqslant F \leqslant 4.0$ 与 $F > 4.0$ 将潮汐类型分别划分为(规则)半日潮类型、不规则半日潮类型、不规则日潮类型与(规则)日潮类型。附图 C.15 至附图 C.21 为潮汐类型数等值线分布，图中粗实线为类型分界线(0.5、2.0、4.0)，实线为 $F < 0.5$，虚线为 $0.5 \leqslant F < 2.0$ 与 $F > 4.0$，点线为 $2.0 \leqslant F \leqslant 4.0$。为了显示清晰，各类型内的等值线间隔不同，且 F 最大只取至 6.0。

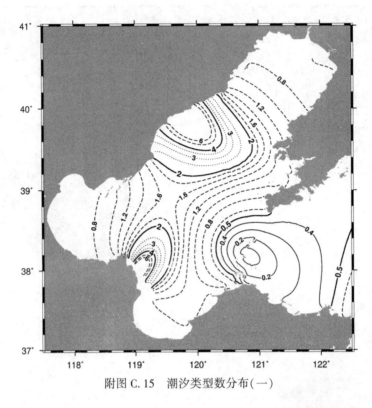

附图 C.15　潮汐类型数分布(一)

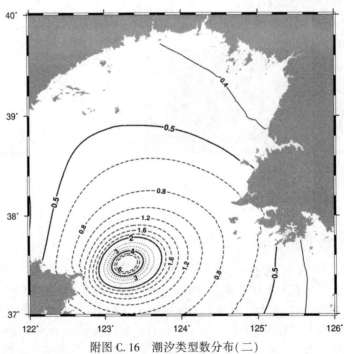

附图 C.16　潮汐类型数分布(二)

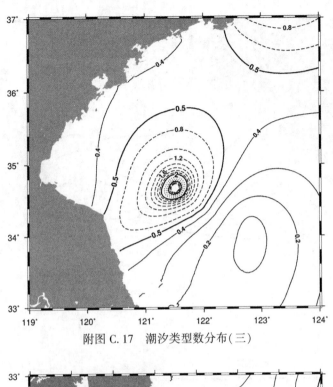

附图 C.17 潮汐类型数分布(三)

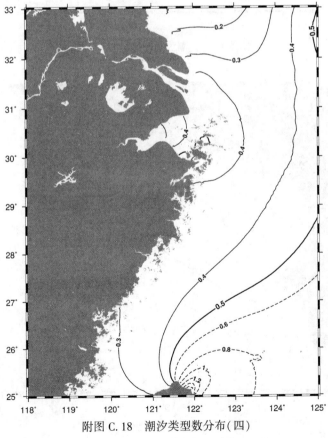

附图 C.18 潮汐类型数分布(四)

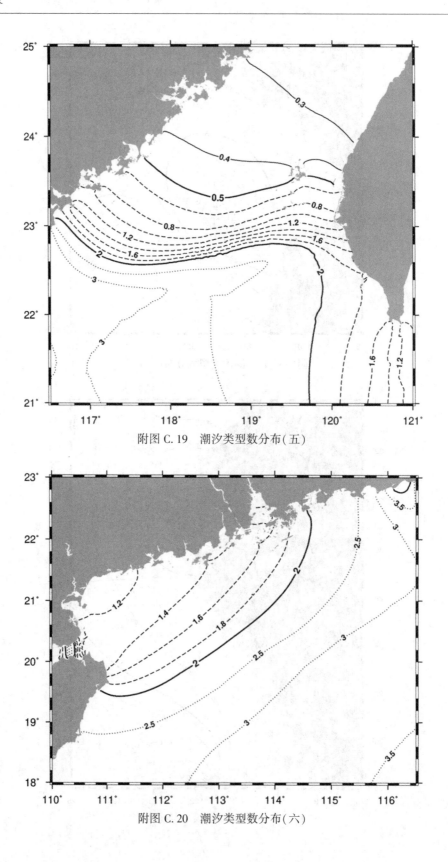

附图 C.19　潮汐类型数分布(五)

附图 C.20　潮汐类型数分布(六)

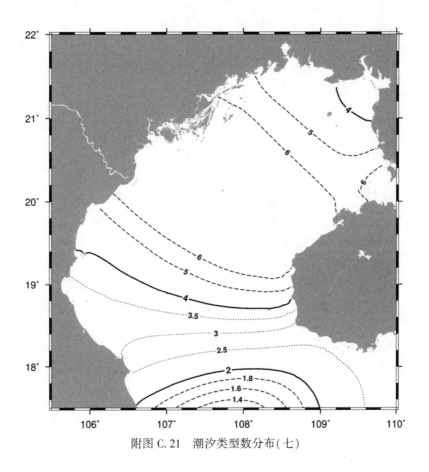

附图 C.21 潮汐类型数分布(七)